一念 ✚ 半成集

张远平 编著

DESIGNED INTEGRATION OF SPECIALIZED HEALTHCARE FACILITIES

一医疗建筑类型化设计集成一

中国建筑工业出版社

序 一

一念恒定以持远，静心潜思集半成。

转眼间，中建西南院（CSWADI）医疗健康建筑设计研究中心（以下简称"医疗中心"）已成立十年了。十年树木，医疗中心成立以来，致力专业化建设，历经破局、探索、坚守、提升、发展的过程，汇聚点滴之积，终成奔腾之势，一跃成为西南院优势专业之一，持续向世界一流迈进。

从专业的角度来看，医疗建筑作为特定公共建筑类型，涉及功能与形态、工艺与创作、空间与城市、人文与技术的方方面面，需要把复杂医疗体系的专业知识与建筑专业知识结合起来，具备能够适应现在和未来需要的功能空间。

过去很长一个时期，冰冷的形象、拥堵的交通成为大众对医院环境的刻板印象，纠其症结，核心一点在于医院与城市过于割裂与隔离，从而在界面和节点上形成不可调和的矛盾和冲突。面对困顿之境，医疗建筑设计亟需迭代升级。

创造美好生活场景，是建筑设计创作的原动力和永恒的目标。基于对医疗建筑设计的深刻洞察，中建西南院医疗中心成立以来，深入开展技术集成研究，在医疗建筑设计中，努力以更广阔的视野和维度融入城市功能、交通、环境，充分展示出医院的人文关怀、民生价值和社会意义。

十年来，医疗中心坚定建筑创作的初心，静心潜思，笃行不怠，不断引领和丰富行业的理论体系、工作体系、成果体系，积极进行医疗建筑设计实践，先后设计了四川大学华西天府医院、华中科技大学同济医学院附属协和医院重庆医院等500多个具有重大社会影响力的医院，致力通过技术优势服务社会民生，助力"健康中国"建设。

作品集对医疗中心十年间项目的整理与出版，既是对中建西南院医疗建筑设计历程的温故回望，更是对西南院设计师的感谢致敬。我衷心希望，未来医院建筑始终充满关爱的人性之光，温暖照亮每一个人生命旅程中相遇的艰难。我也希望，本书的出版可以为医疗建筑设计师和相关专业人员提供有益的参考，也为行业的技术创新贡献力量。

祝愿西南院医疗专业化发展越来越好。

——中建集团副总工程师、中建西南院总工程师

序 二

人类社会从产生意识开始就关注生命的存在，进而关注生命的品质——健康。生命的本质是人类永恒关注并将持续关注的主题，医疗康养类建筑便是人们行使这类关注的载体。中建西南院（CSWADI）医疗健康建筑设计研究中心（以下简称"医疗中心"）成立于2013年4月，是院内医疗康养类板块的专业化设计研究部门。从部门名称的几度更新可看出"医疗中心"的不凡抱负，它围绕着生命与健康主题，集研究与设计共举，着意关注相关生命与健康的产业研究及业务拓展，并取得了骄人的成绩。

医疗中心因强化与院生产经营的联动，积累了大量的实践项目，也因此与医疗建筑的使用方有深入地对接，掌握了医疗建筑设计的核心——工艺设计。医疗中心在发展中，并未固步自封，而是积极地把握医疗科技发展的变化，适时迭代设计，极大地提升了自身在工艺设计、净化设计及综合方案设计方面的咨询能力。

这本集子凝聚了医疗中心设计团队对生命健康的尊重，体现了对专业技术的专注和认真。医疗中心的"一念"着眼于大格局、设计全链条和对专业化核心问题的持续关注；"半成"的自谦不足以评价设计团队十年的实践和努力，但放眼未来，"半成"何尝不是一种对自我不满的要求、一种自我激励升跃的动力？

衷心祝愿医疗中心在未来的事业中，以人类知识谱系广度、生命健康核心问题深度和发展时间维度为坐标，以他者思维为核心价值，在构建高品质专业化设计咨询团队的道路上，越走越好！

——全国工程勘察设计大师、中国建筑首席专家、中建西南院总建筑师

卷首篇

张远平

中国建筑西南设计研究院有限公司常务副总建筑师
中国建筑西南设计研究院有限公司医疗健康建筑设计
研究中心主任、首席总建筑师
中国建筑学会医疗建筑分会第一届理事会副主任委员
中国医疗建筑设计师联盟副主席
四川省工程勘察设计大师
首届十佳医院建筑设计师
首届中国医院建筑设计引领者

一念在心的曾经和未来

一念是新憧与旧梦，
一念是曾经和未来，
一念是须臾并永恒，
一念是曾经的时望赠与未来的从容。
无数迎来又送去的"一念"，
是时光不停息的馈赠，
是步履不止的前行。

十年的曾经，我们得时无怠，以行践言，以言符行。我们笃信专业的恪守和创作的自由，我们践行全过程的技术平台及全覆盖的工作体系。
"风之积也不厚，则其负大翼也无力"，曾经的一念在转瞬的时间里追寻未来延续的存在。

曦晨、星海，耳边的风和远方的征途万里。
我们须突破自我，才能御风而翔。
医疗设计专业之路，视野在变，思维在变，路径在变，方法在变。城市、产业，以及专业功能逻辑下的建筑自主创新或许是充满机变的未来中恒定的一念。

风起，万物生。
未来在知微、知彰的一念中。
回首向来处，无晴无雨；
曾经和未来，一念相续。
远在远方的风或许真的比远方更远，
一念曾经，一念未来，
一念在心，半成未满。

中国建筑西南设计研究院有限公司
医疗健康建筑设计研究中心成立十周年记

与诸君共勉

引　言

未来医疗设计的恒定与多变
THE CONSTANCY AND VARIABILITY OF FUTURE DESIGNS IN HEALTHCARE FACILITIES

医疗建筑作为人类漫长历史发展的文明产物，是身体与精神的双重救赎之地，是寻求生命尊严和善意关爱的希望之地。医疗建筑亘古不变的理想就是建构充满圣洁之光的"美好殿堂"。功能的人性与人性的功能是设计者不该放弃的初衷，在功能逻辑下的自主创作是设计者不停息的恒定追求。

医院的未来，产业模式在变，思维路径在变，方法技术在变。未来的医院是多项性变化的功能体，数字信息、物流配送、双碳减排、人工智能、工业化建造……将改变或局部"颠覆"建筑功能空间形态以及对应关联的外在表达逻辑形式。医研一体化、"康养"产业组合、城市体系下的应急救援和公共安全等议题纷至沓来……医疗建筑正以我们不曾认知的方式快速地向形式纷呈的"大健康"产业迭级裂变，由此引发的城市安全、城市交通、城市环境、城市文化等一系列可能的冲突，将是我们未来面临的多变性挑战。

医疗建筑的类型化发展趋势以及未来形式各异的发展路径是本书需要总结、研究、思考、引领的重要场域。本书聚焦"医疗建筑类型化和未来发展的多义性"。我们将分享自己的创作实践、研究思考以及对未来发展的理解。开放式的讨论、无边的域界以及多义性的结论，希望能引发读者更多思考，寻求医疗建筑未来多变性发展中逻辑性的恒定。

As a time-honored product of human civilization, the healthcare facility provides a sanctuary for the mind as well as the body. It is a beacon of hope that empowers us in our pursuit of dignity, compassion, and care. It is also the timeless mission of healthcare facilities to build a sacred "Hall of Wellbeing". The emphasis on both human experience and functionality remains the original intention of designers of healthcare facilities in their ceaseless pursuit of creative designs within the framework of functional logic.

The future of hospitals is underscored by ever-changing industrial models, thinking patterns, and technologies. Going forward, hospitals will be an evolving multifunctional complex that incorporates digital information, logistics, carbon reduction measures, artificial intelligence, industrialized construction, and more. These changes will reshape or partially disrupt the spatial forms and the corresponding external logical expressions of functional spaces. Healthcare facilities are rapidly evolving into a holistic healthcare sector in an unprecedented manner, ranging from the integration of healthcare and research, to the holistic healthcare industry, and to emergency response and public safety within the urban framework. This may give rise to potential conflicts in urban safety, resilience, environment, and culture — a multitude of challenges that await us in the future.

This book aims to summarize and address essential topics concerning the development and the diverse future landscapes of healthcare facilities, so as to provide valuable insights and guidance for readers. This book focuses on the "Specialization of Healthcare Facilities and Its Multifaceted Future". Through open discussions, interdisciplinary coverage, and multifaceted conclusions, we hope to inspire our readers and seek underlying logic within the dynamic evolution of healthcare facilities.

目　录

1. 综合医院建筑设计——未来医院的多元发展　1
   DESIGN FOR GENERAL HOSPITAL

2. 妇儿医院建筑设计——妇儿大健康服务体系的升维　76
   DESIGN FOR WOMEN AND CHILDREN'S HOSPITAL

3. 中医医院建筑设计——传统的"进化"　112
   DESIGN FOR TRADITIONAL CHINESE MEDICINE (TCM) HOSPITAL

4. 口腔医院建筑设计——新一代口腔医院的特殊类型化思考　134
   DESIGN FOR STOMATOLOGICAL HOSPITAL

5. 肿瘤医院建筑设计——肿瘤治疗体系的延展　152
   DESIGN FOR CANCER HOSPITAL

6. 精神专科及脑科医院建筑设计——精神专科医院设计的"迭代"　174
   DESIGN FOR PSYCHIATRIC AND BRAIN HOSPITAL

7. 老年康复及医养建筑设计——康复医养的"无限边界"　190
   DESIGN FOR THE BUILDINGS OF GERIATRIC REHABILITATION & MEDICAL CARE

8. 公共卫生建筑及应急建筑设计——公共资源与城市体系安全　224
   DESIGN FOR THE BUILDINGS OF PUBLIC HEALTH AND EMERGENCY

9. 转化医学建筑设计——转化医学——医疗进步的原动力　246
   DESIGN FOR THE BUILDINGS OF TRANSLATIONAL MEDICINE

10. 国家紧急医学救援及大急救体系建筑设计——紧急医学救援的体系强化和资源融合　272
    DESIGN FOR THE BUILDINGS OF NATIONAL EMERGENCY MEDICAL RESCUE SYSTEM

11. 既有医院建筑改造设计——医院的"再生"　286
    DESIGN FOR THE RENOVATION OF EXISTING HOSPITAL BUILDINGS

12. 医院钢结构及工业化建造设计——装配式的热情与冷静　310
    DESIGN FOR HOSPITAL'S STEEL STRUCTURE AND INDUSTRIAL CONSTRUCTION

13. 医疗工艺专项设计——医疗工艺设计 2.0　332
    DESIGN FOR SPECIAL MEDICAL PROCESS PROJECTS AND DIGITALIZATION

14. 医疗净化专项设计——医疗专项技术强化及一体化工作平台构建　338
    DESIGN FOR SPECIAL MEDICAL PURIFICATION PROJECTS

1 综合医院建筑设计
DESIGN FOR GENERAL HOSPITAL

未来医院的多元发展

纵观医院发展史,从慈善机构到主宫医院,从广厅式诊疗空间到分散式医疗集群(图 1-1),从集约化高层医院到扁平化医疗中心,人类社会的快速发展和技术进步,不断为医院发展变革提供着持续动力。现代医院正经历着从"技术至上"向"人本主义",从"生物医学"向"整体医学"的转变,从单一理性空间向情理兼容的空间演进,这些转变促进医疗建筑不断演化发展。

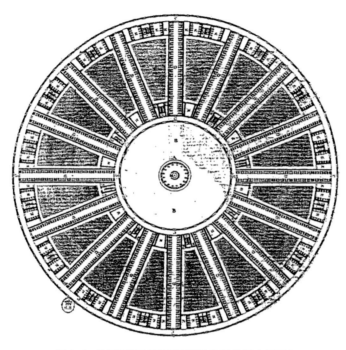

图 1-1 法国巴黎主宫医院圆形布局结构图(1785)

1.1 多元形式递进

1.1.1 数量医院到质量医院

经历过去数年快速的增量式发展,我国医院不论是数量还是规模都得到极大提升,很大程度改善了医疗紧缺、床位难求的困境,但也带来医疗服务体系建设"不平衡"和医疗资源发展"不充分"的问题。大型医院医疗技术高度集中带来的虹吸效应仍在持续,在中国医疗体系改革转型时期,"先做大,再做强"成为医院建设的内生动力和显著特征,大型和超大型医院层出不穷。

未来,随着 DRG(Diagnosis Related Groups)/DIP(Diagnosis-Intervention Packet)(疾病诊断相关分组/病种分值法)在全国的推进,病床周转率将会得到提升,日间体系的发展使得对床位的依赖也将大幅降低,分级诊疗的持续深化发展将使得医院"去规模化"成为一种趋势,在全新的历史时期,多层次、多样化医疗健康服务需求持续增长,从"数量医院"到"质量医院"的转变势在必行。

1.1.2 体系聚合与均质分散

健康发展的医疗体系需要兼顾先进的医疗资源和公平的就医环境，二者的平衡发展是我们长期面临的考验。近年来，国家区域医疗中心建设成为热点，作为实施分级诊疗的重要载体之一，其肩负医疗资源结构性调整的重任。国家区域医疗中心不仅作为疾病治疗中心，同时对所在区域其他医疗资源起到促进和提升作用，从而更好地实现质量控制、医防融合、分级诊疗、科研创新等功能拓展，实现"医教研防管"全方位提升，积极推动从"以治疗为中心"向"以健康为中心"转型。未来，通过体系聚合与均质分散相结合的方式，以持续推动国家区域医疗中心建设为契机，不断促进优质资源逐级下沉和基层服务能力提升，平衡和完善医疗资源布局，从而实现医疗体系健康发展。

1.1.3 临床医疗到研究转化

生命科学、生物技术等基础医学的快速发展，推动人类对疾病认知水平的不断深入，其成果的持续转化必将反向激发临床医学的实践进步。医疗机构将逐步从单纯医疗体系向融合科教功能的研究型医院发展。

未来医院将构建更多科教与临床、叠合交融的空间，打造全生命周期的临床研究开放平台，不断探索疾病发生和发展规律，总结创新疑难杂症临床诊疗经验，实现临床与研究相互促进，有机共生，从而不断助力成果转化，驱动医药科技创新发展。

1.2 城市功能缝合

1.2.1 功能多元化

随着现代医院设计的人性化和安全性不断增强，未来医院不仅会容纳单一的医疗服务功能，还将会有更多的自身公共资源与城市公共资源进行融合、共享。商业、餐饮、社区等功能的引入与复合，在很大程度上提升医院功能的多元化和便捷性，也将为医院带来更多价值的空间。医疗综合体（MEDICAL MALL）将来可能成为未来医院发展的一种趋势，如德阳市人民医院第五代医院引入共享服务空间及城市广场打造 MEDICAL MALL 城市医疗综合体（图 1-2）。

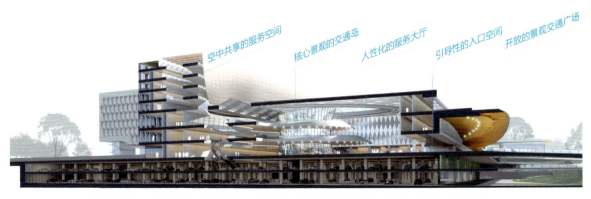

图 1-2 德阳市人民医院第五代医院引入共享服务空间及城市广场打造 MEDICAL MALL 城市医疗综合体

医院功能的界限将逐渐弱化，一站式、差异化的多元需求将重塑医疗体验，医疗空间与部分城市空间的一体化融合不再仅仅是期望，而已逐步走进我们的现实（图1-3）。但不可忽视的底线和前提仍是医疗功能本身的安全性以及不断发展的医疗功能的满足度应对。

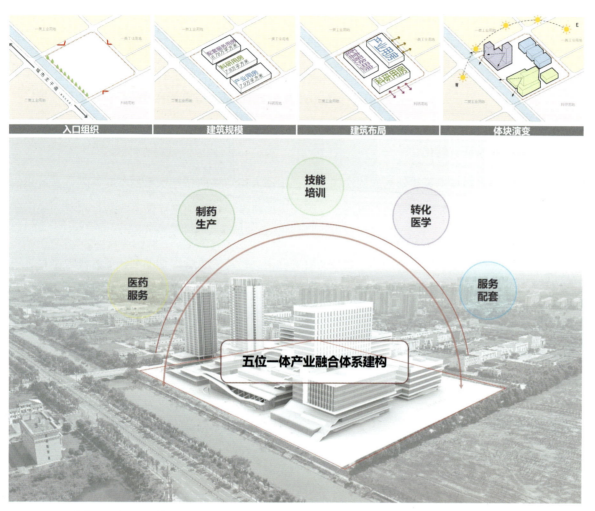

图1-3　江西省转化医学研究院整合医疗相关产业打造"微缩城市——未来医学城"

1.2.2　交通一体化

医院的交通是目前给城市区域带来压力的难点问题，道路拥堵、车位紧张似乎已成为医院交通的代名词。究其问题本质的症结更多在于医院交通与城市交通过于割裂与隔离，在界面和节点上形成不可调和的矛盾和冲突。城市交通的未来将是更完善的以需求为主导，提供更共享、更广泛的服务。医院作为城市不可或缺的一部分，融合姿态下的交通一体化设计将是医院交通发展的必然和趋势，在诸多项目中逐步得到实践与验证。下沉广场的交通分流、院内匝道的高效引入将在很大程度上缓解交通节点的矛盾（图1-4）；城市轨道、城际高铁的快速发展，与大型医疗建筑的立体接驳将成为常态（图1-5）；TOD（Transit-Oriented Development）概念下，区域性公共交通和医疗功能的整合与开发将是可以思考的方向。

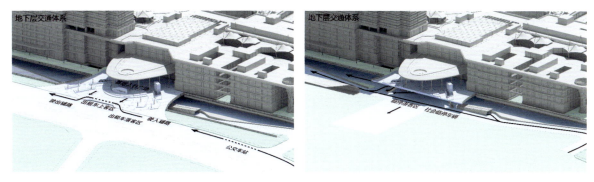

图 1-4　中山大学附属第一（南沙）医院多维立体入院流线与城市交通一体化，缓解了交通节点的矛盾

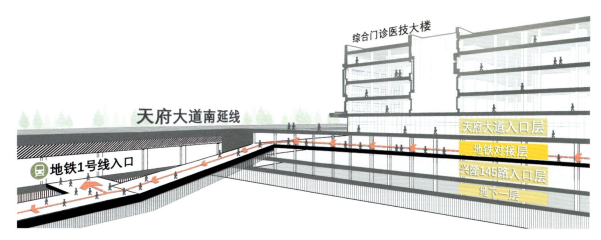

图 1-5　四川大学华西天府医院与地铁站点立体接驳

1.2.3　服务信息化

传统医院服务具有内向型特征，外拓服务有限。如今，医疗服务已不再仅仅局限在医院物理边界的范围，医疗服务拓展支撑下的健康产业园、康养开发项目已成为社会热点。

互联网、物联网、大数据、生物技术以及3D打印技术在过去数年间突飞猛进，将带来技术革命，影响各行各业，在医疗产业中的运用也将越来越多。物联网在药品供应链、配送一体化、药品仓储管理等方面将发挥更加积极的作用；立体沉浸式的远程VR医疗体验，以大数据为基础的自我诊断将成为常态；3D打印人造器官移植将成为可能。随着5G技术、ChatGTP的快速发展，医疗活动将更多向医院外延伸，线上线下相结合的互联网医院时代已悄然来临。

未来医疗服务业发展还将继续跨越原有界面，出现更多新的可能，而这也将进一步推动医疗传统空间形态的变革和发展。

1.3　强化情感空间

1.3.1　空间人性化

高效的空间、完善的设施是构建医院繁复运行体系的基础，但现代医院不再是冰冷、拥挤的"维修工厂"，它应该有温度、有情感、有活力，融入更多人文需求已成为现代医院空间塑造追求的基本目标。效率和情感代表着不同主体对空间使用的不同诉求，似乎泾渭分明，又千丝万缕。二者之间弹性、开放的空间关系，是确保效率、调和情感的有效方式（图1-6）。应通过彼此空间界面的适度拓展和友好塑造，利用更多可利用的过渡空间，合理创造休息、交流、服务的多样化功能场所（图1-7），改善单一的空间感受，尽可能缓解医院中的不良情绪，打造人性化的疗愈空间。

图1-6 伊拉克巴格达美国大学附属医院的人性化空间　　图1-7 四川大学华西第二医院的友好商业空间

1.3.2 环境多样化

生态、绿色一直是现代医院设计中不可或缺的关注点。绿色生态概念下医疗建筑与自然环境的高度融合不仅在建筑效能上发挥优势，更重要的是为患者提供真正舒适、轻松、利于康复的环境和空间。屋顶花园、下沉庭院、景观中庭为实现空间与环境的融合提供了必要的场所，由此可塑造出不同群体的主题活动及服务空间，不同植物类型的选择和引入可为环境提供更多趣味性（图1-8）。当然，医院不是孤立的，还必须关注场地与城市之间的过渡环境。

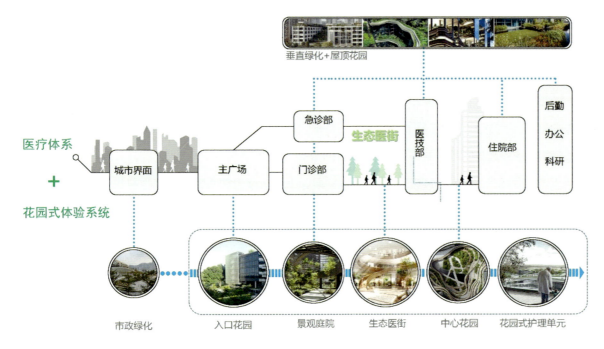

图1-8 多层次空间系统塑造医院多样化、花园式绿化环境

1.3.3 地域特质化

建筑地域性是一个复杂多重的概念，不仅反映地理环境、气候特征、资源利用等物质因素，同时也体现历史传承、文化内涵、社会思想等精神因素，并在建筑的空间组合、环境特征、建筑材料、建造技术上得以呈现和表达。医疗建筑的功能性和复杂性对其地域特质的表达则有更高的要求，我们在四川大学华西（三亚）医院中探索热带环境中滨海医院的特质（图1-9），也在四川大学华西第二（西藏）医院中尝试高寒气候下民族文化的传承（图1-10）……医院的地域特质性不仅需要体现地域环境的外部因素，同时需要兼顾医疗功能特质及行为特征的内在逻辑，做到内外兼修，形意合一。

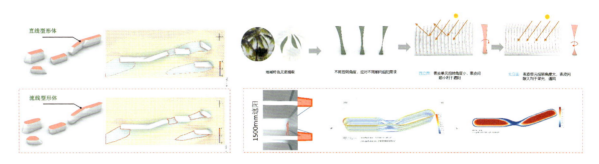

图 1-9　四川大学华西（三亚）医院从地域特征出发的空间和细节表达

图 1-10　四川大学华西第二（西藏）医院在高寒气候下回应空间及文化特征

1.3.4 文脉一体化

医院文化的表达是品牌、技术和服务的综合体现，作为医院建设庞大体系中的一部分，发挥着特殊且重要的作用，优质医院文化 IP（文化产品或文化形象）的构建渗透并影响医院运营及使用的许多方面，它以文化的内在魅力面向公众，吸引患者，从而更好地提升就诊及工作体验。医院文化元素的塑造和传承不应是独立存在的，需要积极融入医院空间及环境的各个环节，构建室外景观一体化，室内装饰一体化的完整体系是我们践行医院文化表达的有效方式（图1-11）。

图 1-11 四川省儿童医院以"熊猫森林"为主题的室内设计与标示系统一体化

综合医院项目目录

01	四川大学华西天府医院	/ 10
02	中山大学附属第一（南沙）医院	/ 20
03	贵州茅台医院	/ 26
04	德阳市人民医院旌北院区	/ 34
05	四川大学华西三亚医院（三亚市人民医院）	/ 42
06	稻城县医疗项目群规划设计	/ 46
07	伊拉克巴格达美国大学医疗集群	/ 52
08	国家呼吸区域医疗中心（云南省第一人民医院东院、中日友好医院云南医院）	/ 58
09	华中科技大学同济医学院附属协和医院重庆医院	/ 62
10	安岳县人民医院城南新区医院及安岳县传染病医院	/ 66
11	莆田市第一医院新院区	/ 70

01 四川大学华西天府医院
WEST CHINA TIANFU HOSPITAL, SICHUAN UNIVERSITY

项目地点：四川省成都市天府新区
设计单位：中国建筑西南设计研究院有限公司
建设单位：成都天投健康产业投资有限公司
代建单位：成都天府新区建设投资有限公司
运营医院：四川大学华西医院
施工单位：EPC 联合体（中建三局集团有限公司、中国建筑西南设计研究院有限公司等）
设计阶段：方案设计、初步设计、施工图设计
设计时间：2016 年 06 月
竣工时间：2021 年 11 月
用地面积：127650m²
建筑面积：263000m²
床位数：1200 床
实景拍摄：至锦视觉

1 医院跨路实景

2 康复花园

看得见云朵

CLOUDS SWIRLING

听得到花开

FLOWERS IN FULL BLOOM

3 康复花园

1 综合门诊医技大楼
2 住院大楼
3 特需医疗楼
4 科教行政楼
5 后勤楼

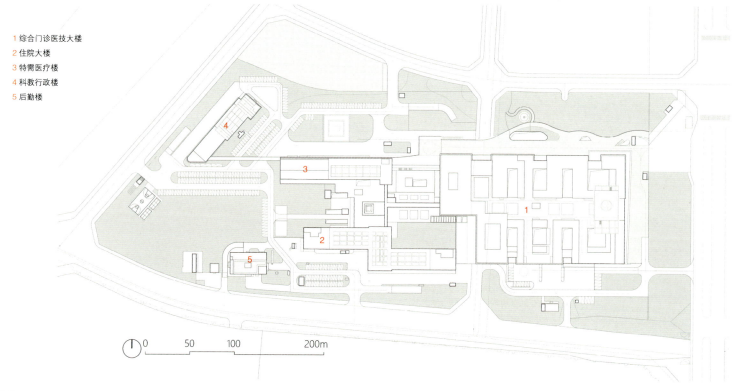

4 总平面图

5 室内采光中庭

6 景观慢行平台

7 景观慢行平台

8 室内采光天窗

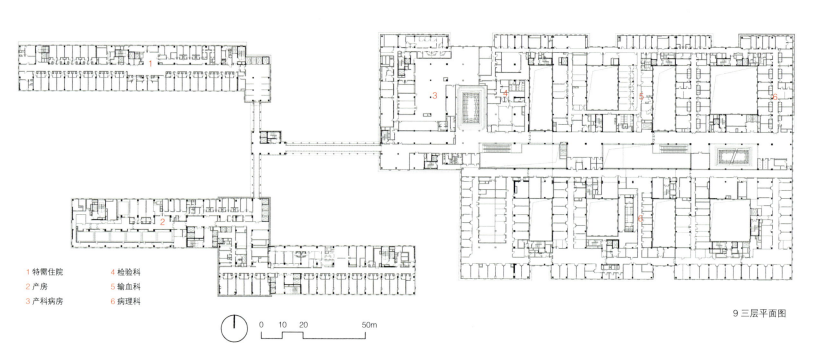

1 特需住院　4 检验科
2 产房　　　5 输血科
3 产科病房　6 病理科

9 三层平面图

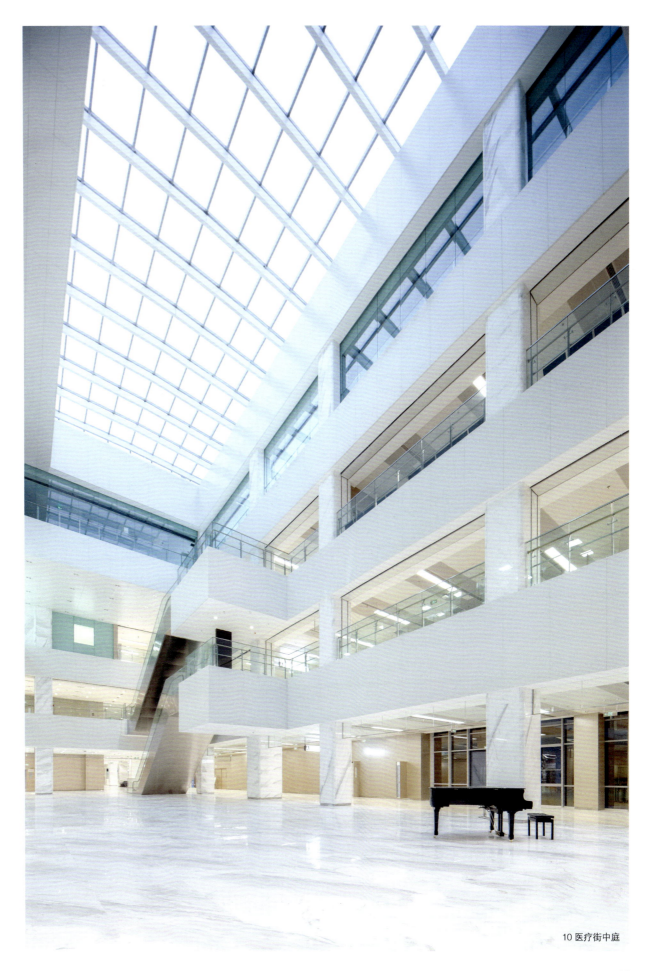

10 医疗街中庭

1 特需病房	5 消化疾病中心	9 超声中心
2 普通病房	6 日间治疗中心	10 心脏疾病中心
3 内镜中心	7 眼科诊区	11 耳鼻喉诊区
4 胸部疾病中心	8 皮肤整形科	12 口腔医学中心

11 二层平面图

12 水庭

13 光庭

14 树庭

02 中山大学附属第一（南沙）医院
THE NANSHA DIVISION OF THE FIRST AFFILIATED HOSPITAL, SUN YAT-SEN UNIVERSITY

项目地点：广东省广州市南沙区
设计单位：中国建筑西南设计研究院有限公司
建设单位：广州市南沙区建设中心
运营医院：中山大学附属第一医院
施工单位：EPC联合体（中国建筑第八工程局有限公司、中国建筑西南设计研究院有限公司、广东省工程勘察院等）
设计阶段：方案深化、初步设计、施工图设计
设计时间：2018年7月
竣工时间：2022年6月
用地面积：155934m²
建筑面积：510044m²
床位数：1500床
实景拍摄：阿尔法摄影

1 学术报告厅外露台构架

2 院区北侧夜景鸟瞰图

生命之钥

KEY OF LIFE

3 主入口效果

4 学术报告厅前厅

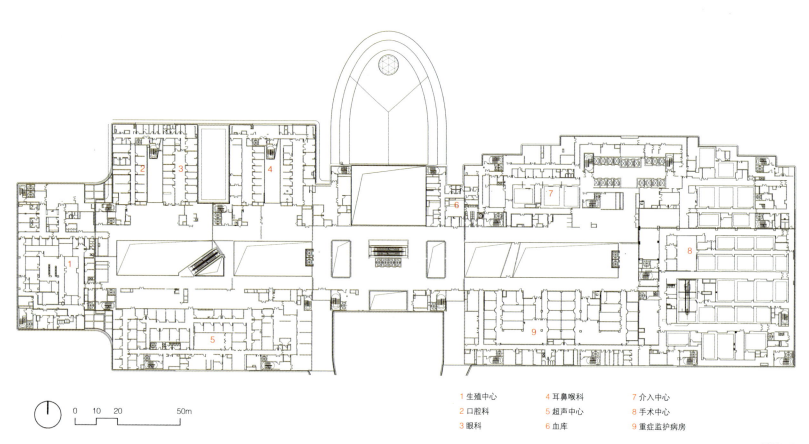

1 生殖中心	4 耳鼻喉科	7 介入中心
2 口腔科	5 超声中心	8 手术中心
3 眼科	6 血库	9 重症监护病房

5 三层平面图

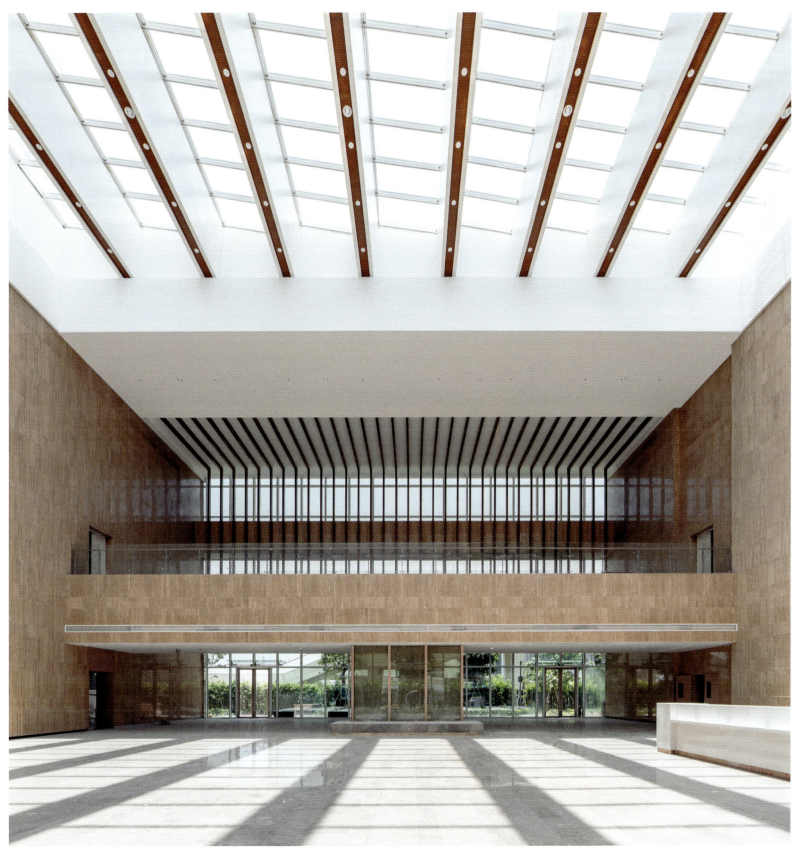

6 国际医疗保健中心大厅

03 贵州茅台医院
KWEICHOW MOUTAI HOSPITAL

项目地点：贵州省仁怀市中枢镇
设计单位：中国建筑西南设计研究院有限公司
建设单位：中国贵州茅台酒厂（集团）有限责任公司
运营医院：贵州茅台医院运营；北京大学第一医院、遵义医科大学提供医疗支持
施工单位：中建三局集团有限公司
设计阶段：方案设计、初步设计、施工图设计
设计时间：2017年06月
竣工时间：2022年01月
用地面积：72424m²
建筑面积：220000m²
床位数：1000床
实景拍摄：至锦视觉、魅影摄影

1 城市鸟瞰实景图

2 鸟瞰实景图

融入山地环境

AMIDST THE LUSH MOUNTAINS

延续地域文脉

BLESSED WITH CULTURAL HERITAGE

3 住院楼夜景图

4 住院广场黄昏透视图

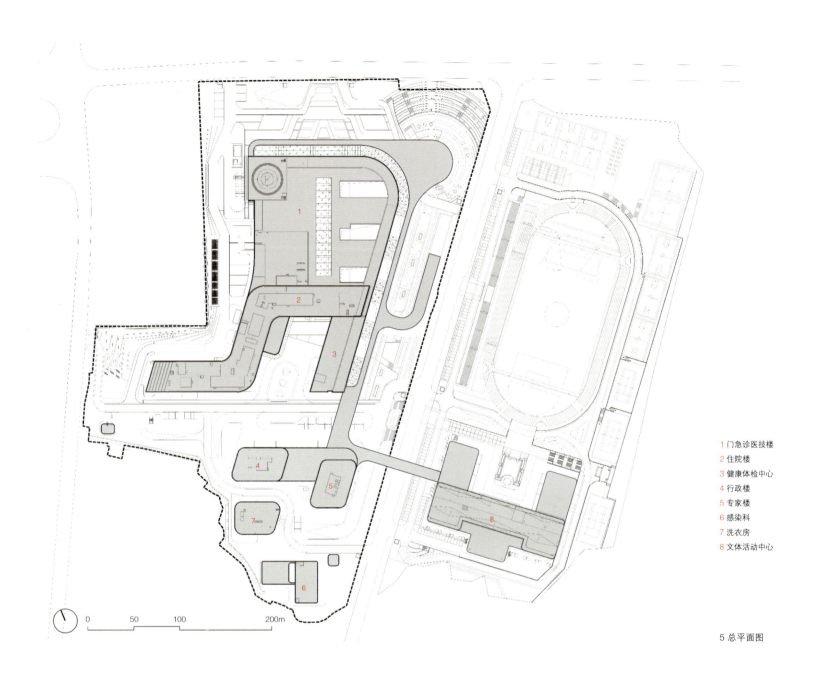

1 门急诊医技楼
2 住院楼
3 健康体检中心
4 行政楼
5 专家楼
6 感染科
7 洗衣房
8 文体活动中心

5 总平面图

6 立体交通鸟瞰图

7 门诊广场鸟瞰图

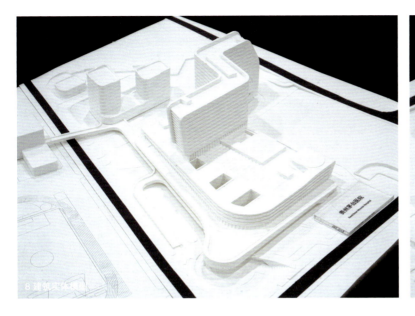
8 建筑实体模型

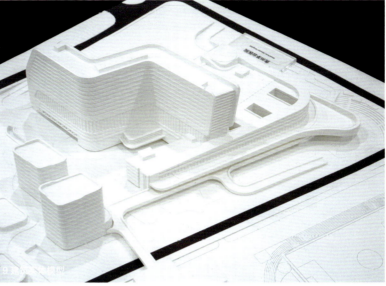
9 建筑虚体模型

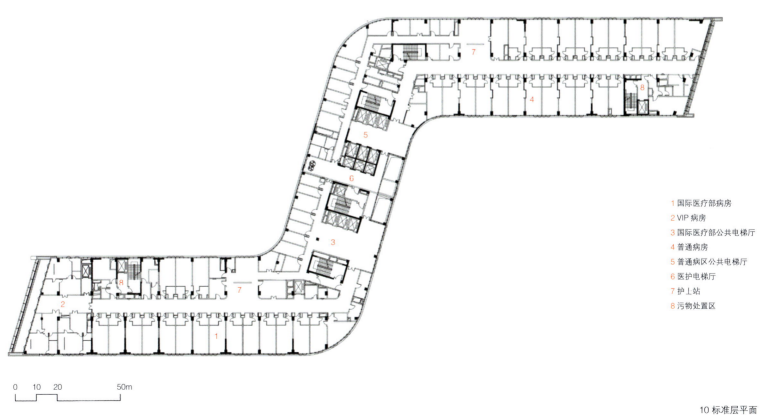

1 国际医疗部病房
2 VIP病房
3 国际医疗部公共电梯厅
4 普通病房
5 普通病区公共电梯厅
6 医护电梯厅
7 护士站
8 污物处置区

10 标准层平面

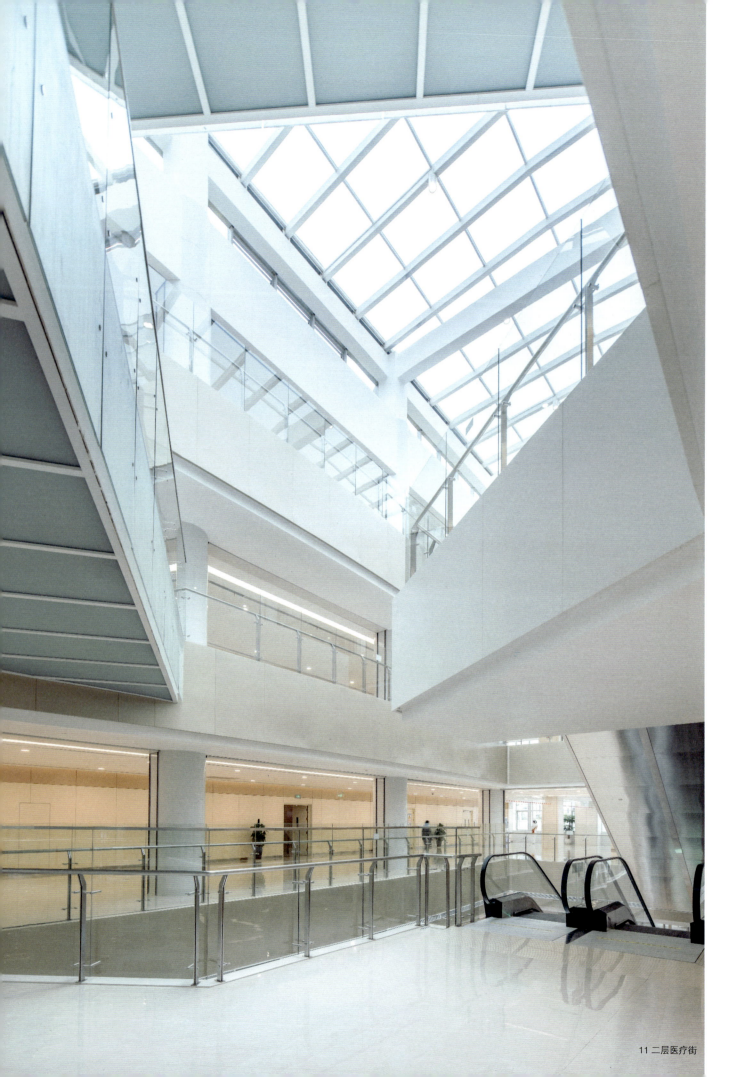

11 二层医疗街

12 首层医疗街

13 人性化设施

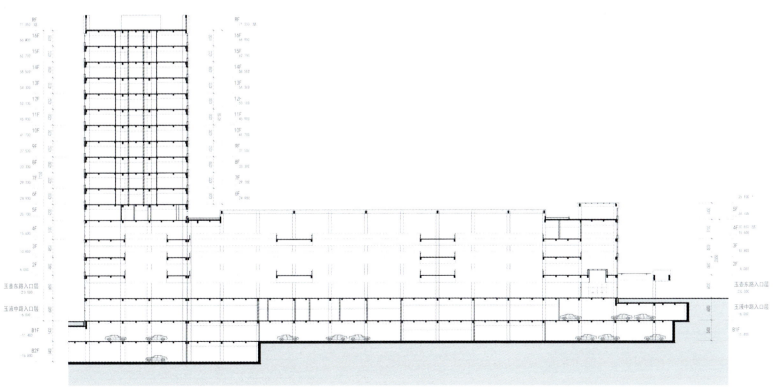
14 剖面图

04 德阳市人民医院旌北院区
DEYANG PEOPLE'S HOSPITAL OF JINBEI DISTRICT

项目地点：四川省德阳市旌北区
设计单位：中国建筑西南设计研究院有限公司
建设单位：德阳市人民医院
代理业主：德阳发展控股集团有限公司
施工单位：EPC联合体[中国建筑西南设计研究院有限公司、中国建筑一局（集团）有限公司等]
设计阶段：方案设计、初步设计、施工图设计
设计时间：2019年06月
竣工时间：在建
用地面积：117324m²
建筑面积：277300m²
床位数：1400床

第五代模式下的新德医
NEW DEYANG PEOPLE'S HOSPITAL UNDER THE FIFTH-GENERATION MODEL

1 正立面效果图

2 旌北院区整体鸟瞰图

3 住院中心效果图

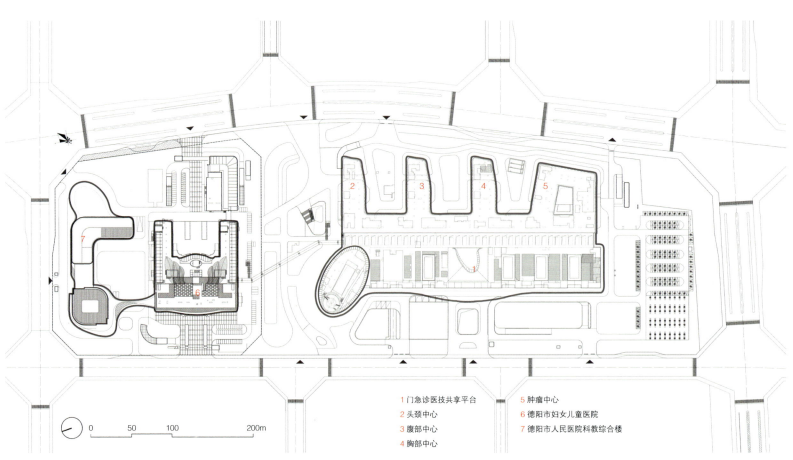

1 门急诊医技共享平台	5 肿瘤中心
2 头颈中心	6 德阳市妇女儿童医院
3 腹部中心	7 德阳市人民医院科教综合楼
4 胸部中心

4 总平面图

5 织物幕墙效果图

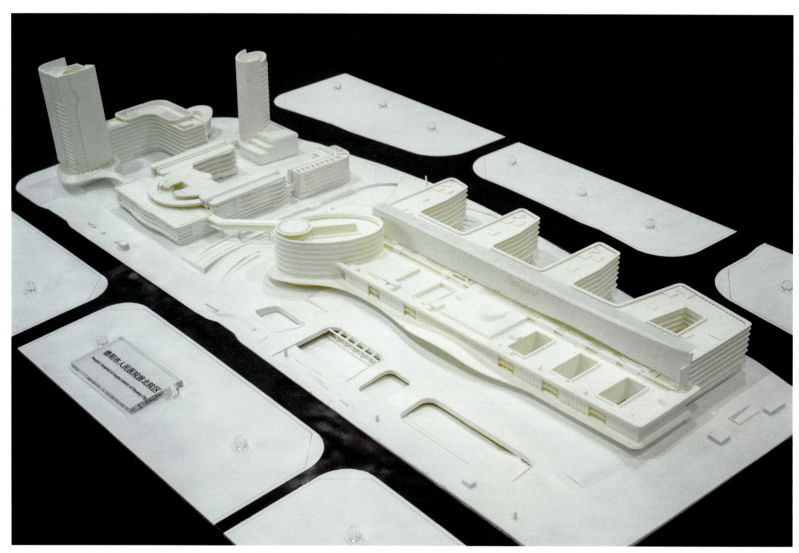

6 实体模型展示

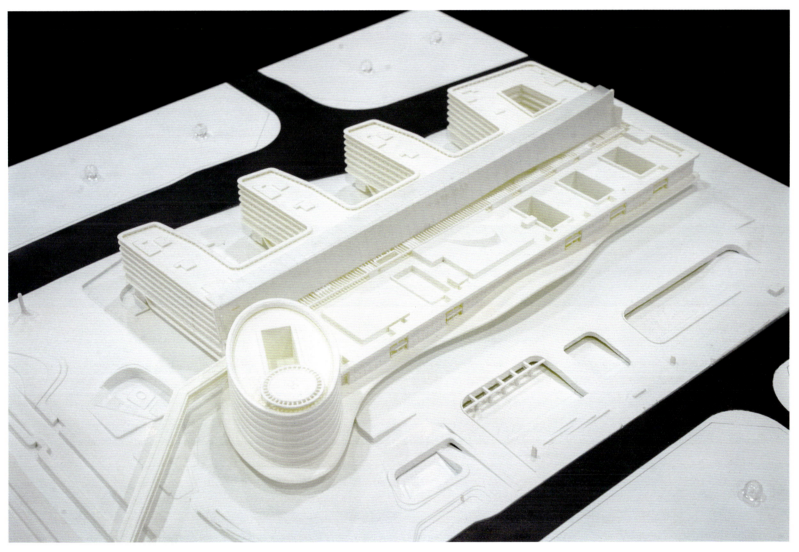

7 实体模型展示

05 四川大学华西三亚医院（三亚市人民医院）
WEST CHINA (SANYA) HOSPITAL, SICHUAN UNIVERSITY (SANYA PEOPLE'S HOSPITAL)

项目地点：海南省三亚市天涯区
设计单位：中国建筑西南设计研究院有限公司
建设单位：三亚市卫生健康委员会
代建单位：三亚城市投资建设集团有限公司
运营医院：四川大学华西医院
设计阶段：方案设计、初步设计
设计时间：2023年05月
用地面积：84084m²
建筑面积：325931m²
床位数：1000床

1 东北侧夜景鸟瞰

2 主体医疗透视图

清风细浪

BREEZES BLOW, CREATING GENTLE RIPPLES

水润骊珠

THAT MOISTURIZE PRECIOUS PEARLS

3 东侧清晨鸟瞰

4 院区主入口透视图

5 特需北广场透视图

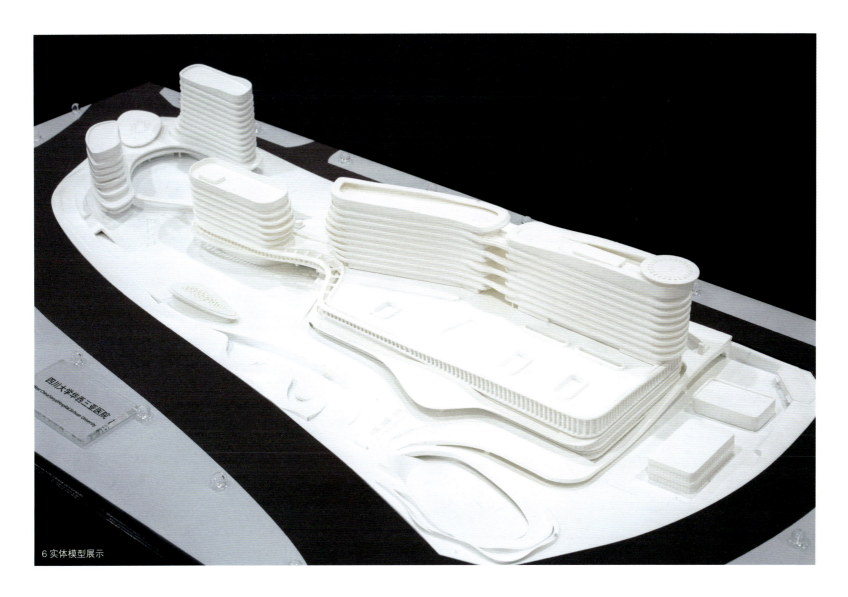

6 实体模型展示

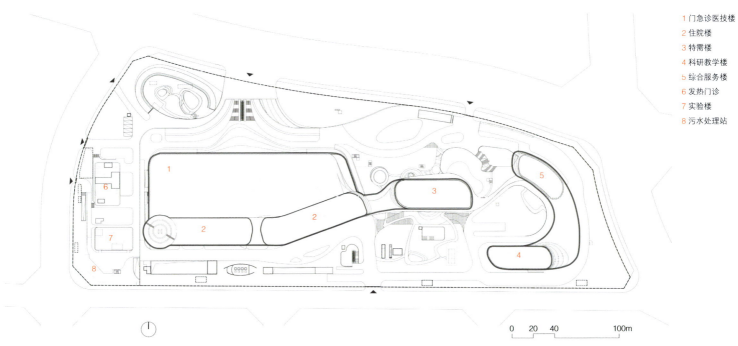

1 门急诊医技楼
2 住院楼
3 特需楼
4 科研教学楼
5 综合服务楼
6 发热门诊
7 实验楼
8 污水处理站

7 总平面图

06 稻城县医疗项目群规划设计
CONCEPTUAL PLANNING AND DESIGN OF DAOCHENG COUNTY MEDICAL GROUP

项目地点：四川省甘孜州稻城县
设计单位：中国建筑西南设计研究院有限公司
建设单位：稻城县卫生健康局
设计阶段：方案设计、初步设计、施工图设计
设计时间：2020 年 04 月
用地面积：45329m²
建筑面积：36298m²
床位数：146 床

1 文化景观连廊效果图

白塔林的守护者 WHITE PAGODA GUARDIAN

2 整体鸟瞰图

3 沿街整体鸟瞰图

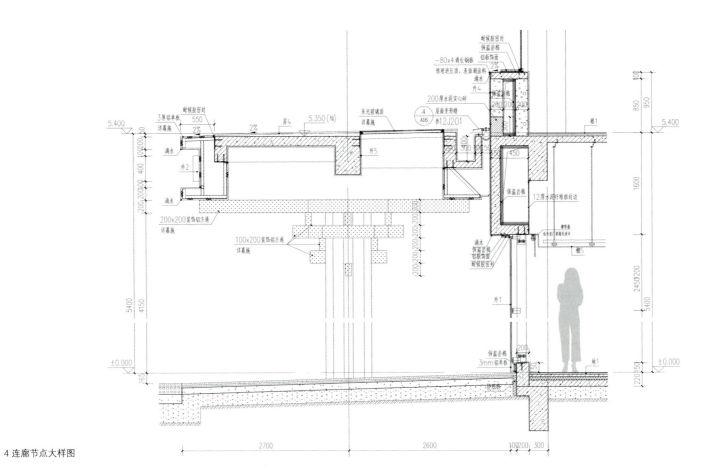

4 连廊节点大样图

5 景观广场冬季效果图

6 景观广场秋季效果图

7 城市街景效果图

07 伊拉克巴格达美国大学医疗集群
AMERICAN UNIVERSITY OF IRAQ-BAGHDAD MEDICAL CLUSTER

项目地点：伊拉克巴格达
设计单位：中国建筑西南设计研究院有限公司
建设单位：伊拉克巴格达美国大学
施工单位：中国建筑第三工程局有限公司
设计阶段：方案设计、初步设计、施工图设计
设计时间：2023年03月
用地面积：76953m²
建筑面积：100000m²
床位数：220床

1 夜景鸟瞰效果图

2 沿街透视效果图

无限 & DNA

INFINITE & DNA

致敬苏美尔文明

IN TRIBUTE TO THE SUMERIAN CIVILIZATION

| 楔形文字 CUNEIFORM WRITING | 立面表皮单元 UNIT | 扭转格栅 TWISTED GRILLE |

3 日景鸟瞰效果图

4 黄昏鸟瞰效果图

5 沿街透视效果图

6 雨篷立柱书法印刻 CANOPY PILLAR CALLIGRAPHY ENGRAVING

08 国家呼吸区域医疗中心（云南省第一人民医院东院、中日友好医院云南医院）

NATIONAL RESPIRATORY REGIONAL MEDICAL CENTER (EASTERN-DISTRICT CAMPUS OF THE FIRST PEOPLE'S HOSPITAL OF YUNNAN PROVINCE, BRANCH OF CAINA-JAPAN FRIENPSAIP HOSPITAL)

项目地点：云南省昆明市官渡区
设计单位：中国建筑西南设计研究院有限公司
建设单位：云南省第一人民医院
运营医院：云南省第一人民医院、中日友好医院
施工单位：EPC 联合体（云南工程建设总承包股份有限公司、中国建筑西南设计研究院有限公司等）
设计时间：2022 年 10 月
用地面积：158947m²
建筑面积：378664m²
床位数：2000 床

1 整体鸟瞰效果图

2 门诊广场透视效果图

1 综合诊疗+共享医技
2 第一综合住院楼
3 第二综合住院楼
4 妇女儿童中心
5 行政科研楼
6 呼吸中心住院楼
7 传染病防治综合楼
8 教育培训中心
9 远期预留发展

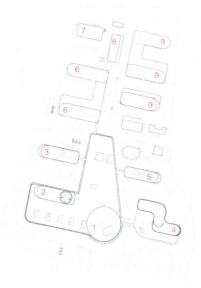

3 总平面图

4 沿街透视效果图

5 沿街透视效果图

绿谷方舟
GREEN VALLEY ARK
"呼吸"仿生表皮
BIOMIMETIC SKIN THAT CAN "BREATHE"

6 沿街透视效果图

09 华中科技大学同济医学院附属协和医院重庆医院
CHONGQING HOSPITAL OF UNION HOSPITAL AFFILIATED TO TONGJI MEDICAL COLLEGE OF HUAZHONG UNIVERSITY OF SCIENCE AND TECHNOLOGY

项目地点：重庆市两江新区
设计单位：中国建筑西南设计研究院有限公司、汇城国际建筑设计咨询事务所、重庆三医健康科技有限公司
建设单位：重庆两江新区龙兴工业园建设投资有限公司
运营医院：华中科技大学同济医学院附属协和医院
施工单位：EPC 联合体（中国建筑第八工程局有限公司、中国建筑西南设计研究院有限公司等）
设计阶段：方案设计、初步设计、施工图设计
设计时间：2022 年 10 月
用地面积：139887m²
建筑面积：391871m²
床位数：1500 床

1 整体鸟瞰效果图

复合式多层交通组织
COMPREHENSIVE MULTI-LAYER TRAFFIC DISTRIBUTION
面向未来的医疗规划
MEDICAL PLANNING ORIENTED TO THE FUTURE

2 主入口透视效果图

3 夜景鸟瞰效果图

4 沿街透视效果图

5 门诊广场鸟瞰效果图

6 北侧鸟瞰效果图

10 安岳县人民医院城南新区医院及安岳县传染病医院
THE SOUTH CAMPUS OF ANYUE COUNTY PEOPLE'S HOSPITAL AND ANYUE COUNTY INFECTION DISEASE HOSPITAL

项目地点：四川省资阳市安岳县
设计单位：中国建筑西南设计研究院有限公司
建设单位：安岳县人民医院
施工单位：EPC 联合体（中国核工业二四建设有限公司、中建科工集团有限公司等）
设计阶段：方案设计、初步设计、施工图设计
设计时间：2021 年 04 月
用地面积：119716m²
建筑面积：283480m²
床位数：1600 床

1 清晨鸟瞰效果图

2 综合医院沿街透视效果图

青柠撷果，岳之安然

A BOUNTIFUL HARVEST IN THE MAJESTIC MOUNTAINS

地域性文脉的提取与转译

EXTRACTION AND TRANSLATION OF REGIONAL CONTEXT

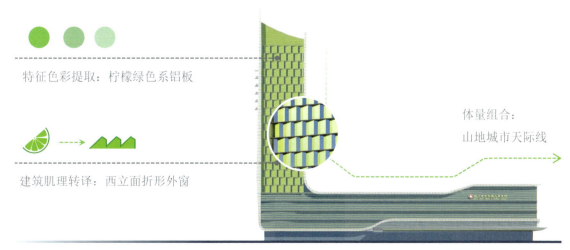

特征色彩提取：柠檬绿色系铝板

建筑肌理转译：西立面折形外窗

体量组合：
山地城市天际线

3 建筑立面的地方文脉重译

4 整体鸟瞰效果

5 传染医院沿街透视效果图

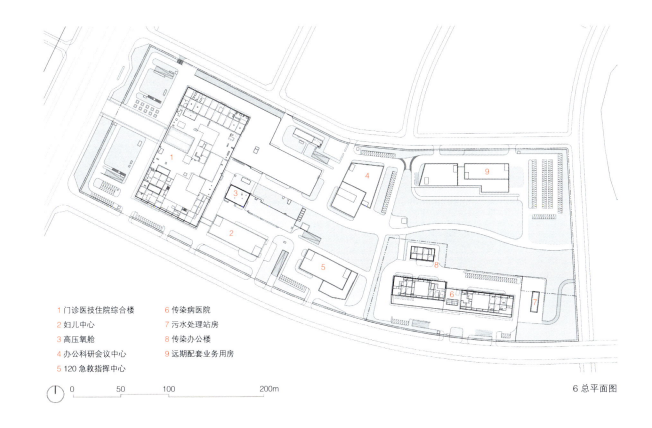

1 门诊医技住院综合楼
2 妇儿中心
3 高压氧舱
4 办公科研会议中心
5 120 急救指挥中心
6 传染病医院
7 污水处理站房
8 传染办公楼
9 远期配套业务用房

0　50　100　200m

6 总平面图

7 综合医院大厅透视

11 莆田市第一医院新院区
THE NEW COMPOUND OF THE FIRST HOSPITAL OF PUTIAN CITY

项目地点：福建省莆田市秀屿区
设计单位：中国建筑西南设计研究院有限公司
建设单位：莆田市第一医院
代理业主：莆田市医疗健康产业投资集团有限公司
设计阶段：方案设计、初步设计、施工图设计
设计时间：2023 年 02 月
用地面积：204262m^2
建筑面积：304175m^2
床位数：1200 床

莆田新韵
A BENCHMARK HOSPITAL UNDER PUTIAN

1 鸟瞰图

2 主入口沿街效果图

3 住院出入口

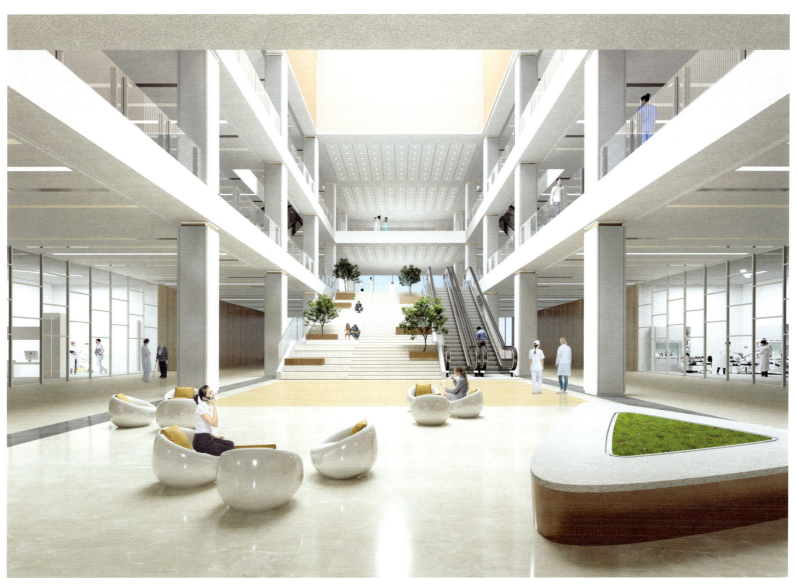

4 医疗街中庭效果图

2 妇儿医院建筑设计
DESIGN FOR WOMEN AND CHILDREN'S HOSPITAL

妇儿大健康服务体系的升维

我国的妇儿大健康服务体系是以妇幼保健机构及妇儿医院为核心，基层医疗卫生机构为基础，大中型综合医院和相关科研教学机构为支撑。妇幼保健机构是我国妇幼医疗体系的主体机构，以妇女和儿童为服务对象，以提高妇女儿童的健康水平、人口体质为目标的医疗机构。妇儿医院则是在其基础上，整合妇女、儿童相关医疗功能及服务的专业化医疗中心。现代妇儿健康服务体系已不仅仅局限于治疗，更多样的延展服务的出现，对妇儿医疗布局的重组、更新提出了更多要求。

2.1 医疗保健体系全覆盖

过去妇儿医院主要关注妇女和儿童的专科医疗服务，而现代妇儿医院的学科设置已呈现综合化及融合重组的发展趋势。现代妇儿医疗体系设置日益全面，相关学科诊断也更专项细致，已逐步整合其他专科成为全覆盖的医疗体系（图2-1）。原有主要业务科室如妇科涵盖了妇保、妇科内分泌、妇科肿瘤等，儿科涵盖了儿保、儿童内科、儿童外科、儿童眼科等，产科涵盖了产检、产前诊断、产后康复等，另外也同步完善补充有综合内科、综合外科、口腔科、皮肤科等相关科室功能。全覆盖的医疗体系，提供了多学科的协同合作，如儿童出生缺陷的治疗中，医院将儿科、儿童外科、康复科、遗传学等相关学科资源集结起来，共同制定综合治疗方案，以此提高诊断和治疗的准确性和效果。同时妇儿医院的设计呈现出高度融合又专项细分的格局，最明显的体现是生殖医学科融合男科、内分泌、遗传学等诊断内容后，扩大发展为生殖医学中心。伴随各学科融合细分的发展，"多专科中心 + 公共医技平台"的模式将在未来妇儿医院中良好发展。以此也会相应促使医疗工艺布局、流程设置的进一步细分。

图 2-1 妇儿医疗保健体系全覆盖分析

2.2 妇幼健康产业的延展

妇女儿童作为特定重点服务人群，以此为基础的关联产业也是我国健康事业的重要切入点。以妇儿医院为产业锚点，促进区域内医药、医疗服务、营养保健、健康护理、康复和科研等相关产业联动发展（图 2-2）。例如为妇女及孕产妇提供的健康检查、康复治疗、医学美容、营养保健等，为儿童提供的保健、康复、托育照护等。妇幼健康产业的延展结合了妇儿医院近距离的医疗服务优势，也贴合了使用者的需求，具有良好的发展前景。如近年呈现妇幼健康机构发展提供一体化的医疗与多层次的托育服务的趋势，特别是为 3 岁以下婴幼儿提供全日托、半日托、计时托等照护服务。

图 2-2 妇幼健康产业延展分析

妇幼健康产业所需的空间格局，根据其策划类型需求，可与原有医疗体系适当合设，也可相对分离，但考虑此类产业的功能及安全属性，需符合对应产业类型的相应规范要求。如托育服务产业功能设置，不仅需要满足国家已发布的托育机构设置试行标准，同时也需满足托儿所、幼儿园建筑设计规范要求。其中对于此类功能是否合设，规范明确在满足相应的疏散出口、室外活动场地、防止物体坠落措施等要求后，三个班及以下的托儿所或幼儿园，可与居住、养老、教育、办公建筑合建，当以上任一条件无法同时满足，此类用房应独立设置（图 2-3）。规范还规定托儿所生活用房应布置在首层，当确有困难时，可将托大班布置于二层等。由此可见，在多样性的产业服务拓展集成的同时，设计对各类型功能布局的应对维度也需更为全面，前期策划时即需对应限定条件作出相应判断。

同时在运营和医疗观念的更新变化下，设计方和医院方关注患者的需求已延伸到人文、心理等层面，妇幼健康体系更是强调对妇女儿童的行为心理特点的高度关注。在功能性空间的连接空间嵌入各类人性化服务设施如母婴室、第三卫生间，并叠加商业服务空间提供各类膳食、购物服务空间（图 2-4），也对设计提出了更多的思考和挑战。

图 2-3 独立设置的眉山市托育服务综合指导中心效果

图 2-4 各类人性化服务设施嵌入功能连接空间示意

妇儿医院项目目录

01	四川大学华西第二医院锦江院区　/　82
02	四川大学华西第二医院天府医院（四川省儿童医院）　/　92
03	四川大学华西第二医院西藏医院（西藏医院国家区域医疗中心）　/　101
04	青海省妇女儿童医院　/　106
05	眉山市托育服务综合指导中心　/　110
06	德阳市养老托幼项目　/　111

01 四川大学华西第二医院锦江院区
WEST CHINA SECOND UNIVERSITY HOSPITAL, SICHUAN UNIVERSITY, JINJIANG BRANCH

项目地点：四川省成都市锦江区
设计单位：中国建筑西南设计研究院有限公司
建设单位：四川大学华西第二医院
代理业主：成都兴城人居地产投资集团有限公司
施工单位：EPC 联合体 [中国建筑西南设计研究院有限公司（一、二期）、中国华西企业股份有限公司（一期）、
　　　　　四川省建筑机械化有限公司（二期）等]
设计阶段：方案设计、初步设计、施工图设计
设计时间：2016 年 07 月
竣工时间：2017 年（一期），2021 年（二期）
用地面积：63961m²
建筑面积：209950m²
床位数：1500 床
实景拍摄：至锦视觉；WOHO

1 华西百年文化广场

2 院区全景鸟瞰图

包容与关爱
INCLUSIVENESS & CARE
传承与展望
HERITAGE & VISION

3 黄昏下的院区

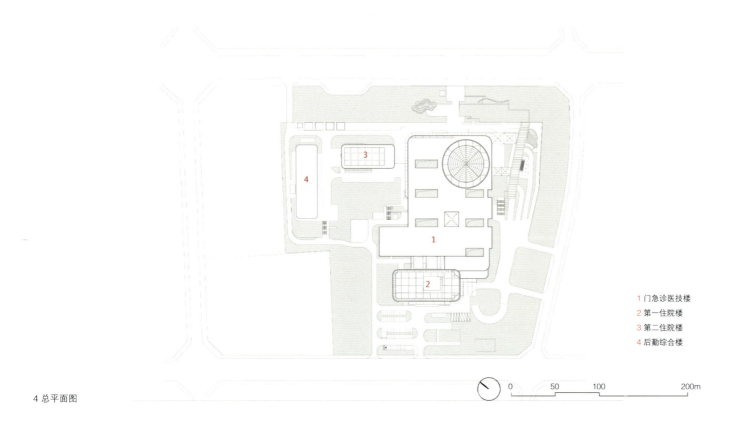

4 总平面图

1 门急诊医技楼
2 第一住院楼
3 第二住院楼
4 后勤综合楼

5 后勤综合楼与第二住院楼

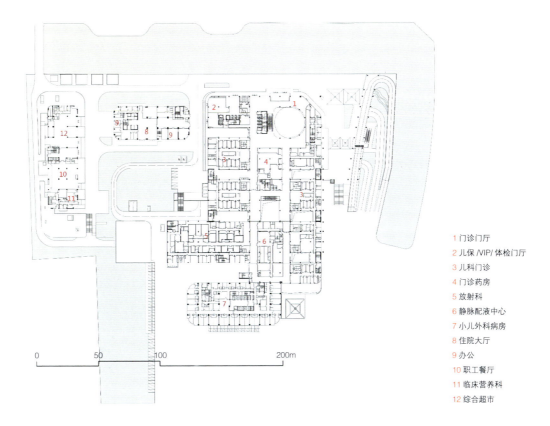

6 一层平面图

1 门诊门厅
2 儿保/VIP/体检门厅
3 儿科门诊
4 门诊药房
5 放射科
6 静脉配液中心
7 小儿外科病房
8 住院大厅
9 办公
10 职工餐厅
11 临床营养科
12 综合超市

7 急诊入口实景

8 门诊楼与第一住院楼

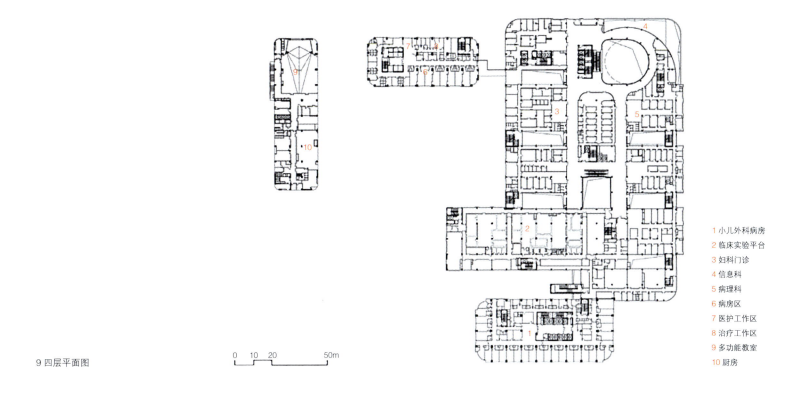

9 四层平面图

1 小儿外科病房
2 临床实验平台
3 妇科门诊
4 信息科
5 病理科
6 病房区
7 医护工作区
8 治疗工作区
9 多功能教室
10 厨房

10 立体交通环道俯瞰

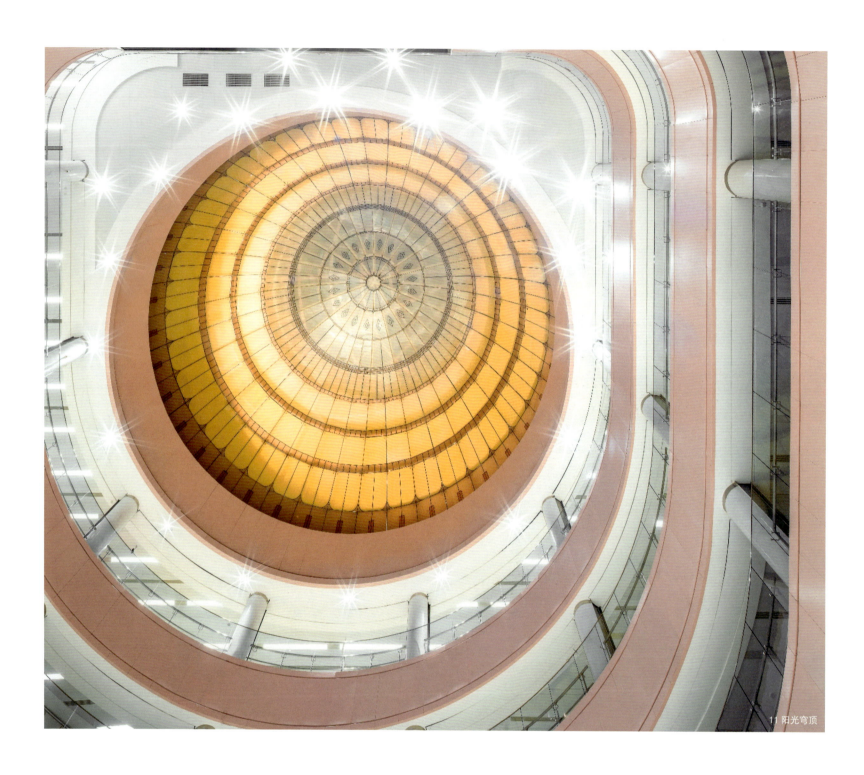

11 阳光穹顶

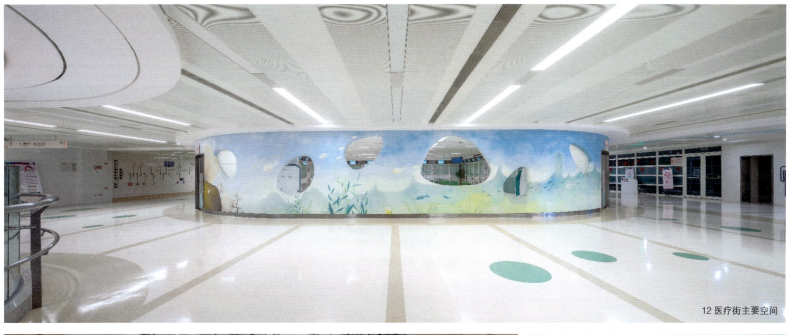
12 医疗街主要空间

13 门诊大厅

14 第二住院楼门厅

15 急诊护士站

02 四川大学华西第二医院天府医院（四川省儿童医院）
WEST CHINA SECOND UNIVERSITY HOSPITAL, SICHUAN UNIVERSITY (WEST CHINA WOMEN'S AND CHILDREN'S HOSPITAL)

项目地点：四川省眉山市东坡区
设计单位：中国建筑西南设计研究院有限公司
建设单位：四川省儿童医院（四川省儿童医学中心）
代理业主：眉山城市新中心投资运营有限公司
运营医院：四川大学华西第二医院
施工单位：EPC 联合体（一期：中国华西企业股份有限公司等；
　　　　　二期：中国建筑西南设计研究院有限公司等）
设计阶段：方案设计、初步设计、施工图设计
设计时间：2018 年 04 月（一期）/2022 年 05 月（二期）
竣工时间：2021 年 06 月（一期）
用地面积：164768m^2
建筑面积：344730m^2
床位数（一、二期）：1500 床
实景拍摄：至锦视觉；WOHO

1 沿街主入口效果

彩虹之门
THE DOOR TO THE RAINBOW
天府熊猫
PANDA OF SICHUAN

2 二期日景效果

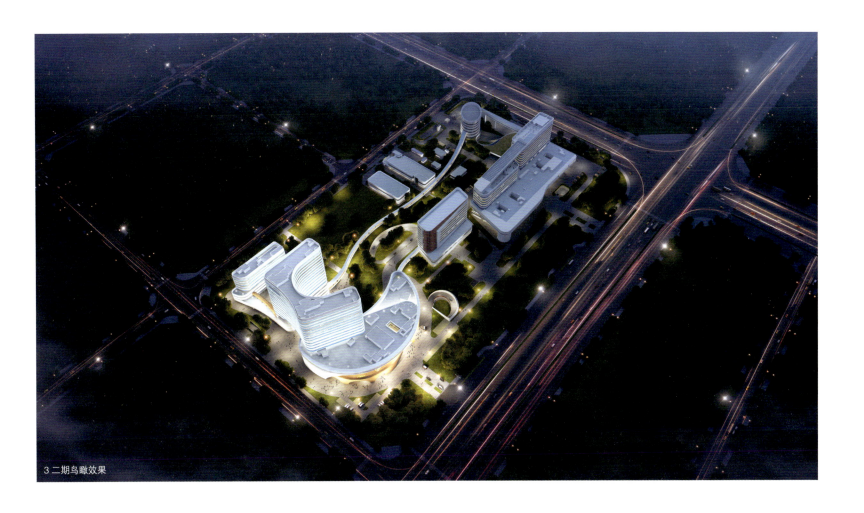

3 二期鸟瞰效果

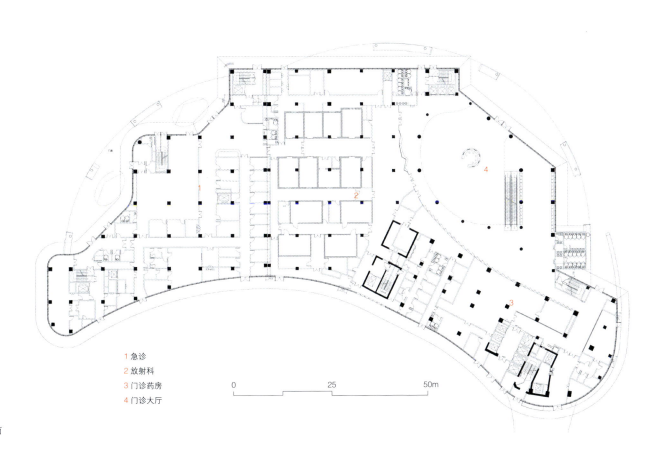

1 急诊
2 放射科
3 门诊药房
4 门诊大厅

0　　　25　　　50m

4 手术层平面

5 二期鸟瞰效果

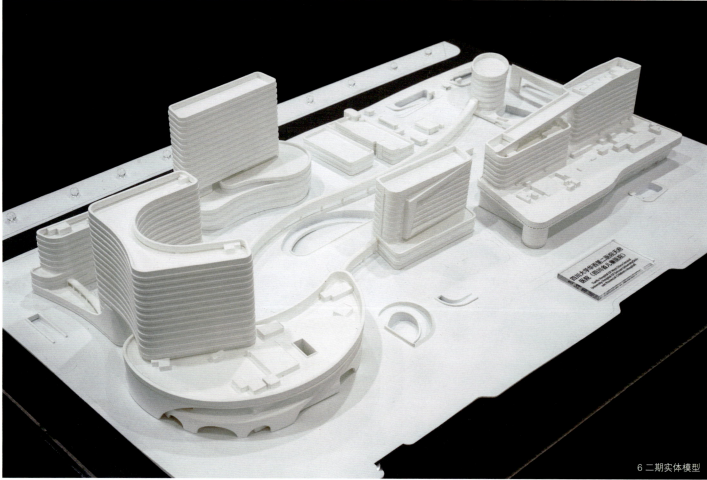

6 二期实体模型

7 一期门诊住院楼实景

8 一期主体建筑全貌实景

9 一期下沉庭院实景

10 一期门诊主入口

11 一期门诊大厅实景

1 黄昏下的医院效果

生命之花
FLOWER OF LIFE
活力之树
TREE OF VITALITY

03 四川大学华西第二医院西藏医院（西藏医院国家区域医疗中心）
XIZANG HOSPITAL, WEST CHINA SECOND UNIVERSITY HOSPITAL, SICHUAN UNIVERSITY（NATIONAL REGIONAL MEDICAL CENTER OF XIZANG HOSPITAL）

项目地点：西藏自治区拉萨市柳梧新区
设计单位：中国建筑西南设计研究院有限公司
建设单位：西藏自治区妇产儿童医院（西藏自治区妇幼保健院）
　　　　　（四川大学第二医院为输出医院）
设计阶段：概念方案
设计时间：2023 年 05 月
用地面积：35886m²
建筑面积：50743m²

2 门诊主入口效果

3 不同季节的庭院

4 不同季节的庭院

5 雪景中的医院

6 飞雪中的门诊入口

7 冬日雪后的医院

04 青海省妇女儿童医院
QINGHAI PRVINCE WOMEN AND CHILDREN'S HOSPITAL

项目地点：青海省西宁市城中区
设计单位：中国建筑西南设计研究院有限公司
建设单位：青海省妇女儿童医院
施工单位：陕西建工集团有限公司青海分公司
设计阶段：方案设计、初步设计、施工图设计
设计时间：2015年05月
竣工时间：2018年11月
用地面积：26828m²
建筑面积：36700m²
床位数：500床
实景拍摄：中国建筑西南设计研究院有限公司

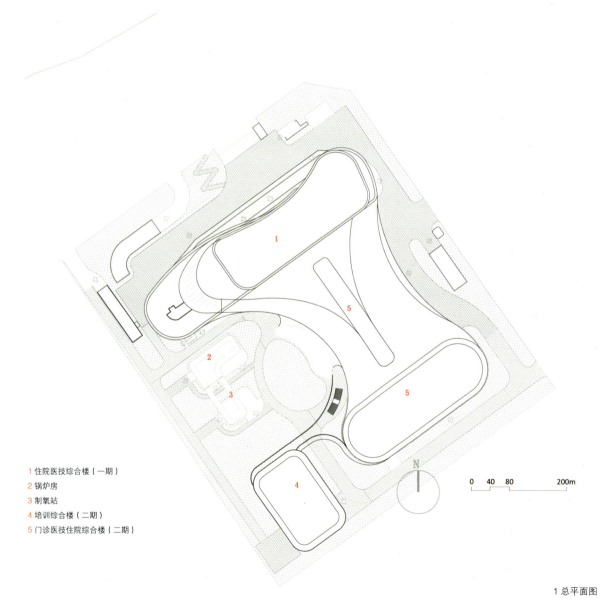

1 住院医技综合楼（一期）
2 锅炉房
3 制氧站
4 培训综合楼（二期）
5 门诊医技住院综合楼（二期）

1 总平面图

2 医院门诊住院楼

生命伊始
ORIGIN OF LIFE
天使光环
A CARING HEART

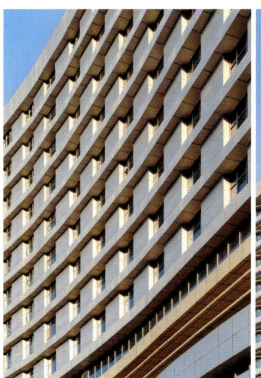

3 建筑立面细部

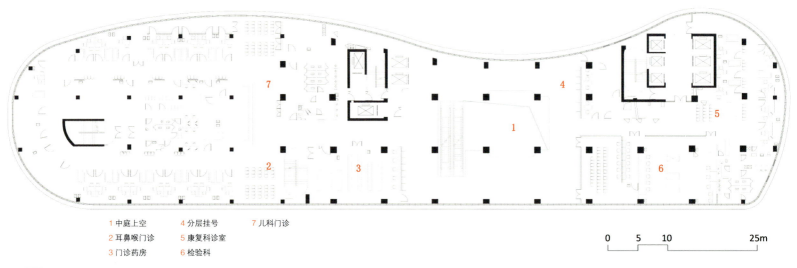

1 中庭上空	4 分层挂号	7 儿科门诊
2 耳鼻喉门诊	5 康复科诊室	
3 门诊药房	6 检验科	

4 二层平面图

5 医院门诊住院楼

6 门诊大厅

7 咨询台

8 休闲连廊

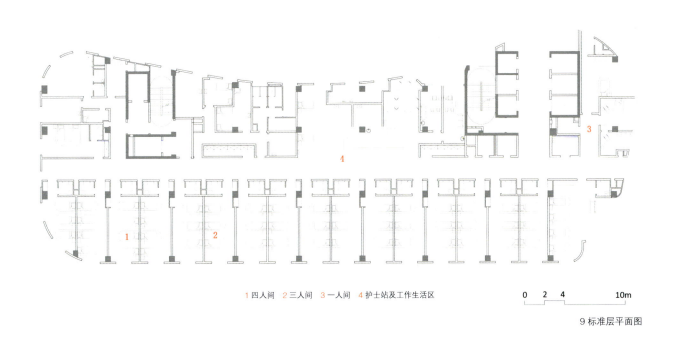

1 四人间 2 三人间 3 一人间 4 护士站及工作生活区

9 标准层平面图

05 眉山市托育服务综合指导中心
MEISHAN CITY NURSING CARE SERVICE COMPREHENSIVE GUIDANCE CENTER

项目地点：四川省眉山市东坡区
设计单位：中国建筑西南设计研究院有限公司
建设单位：眉山市妇幼保健院
设计阶段：方案设计
设计时间：2023 年 05 月
用地面积：6667m²
建筑面积：8000m²

1 主立面沿街透视图

以医疗体系为技术支撑
为妇、幼、老特殊群体
提供全面、全时的健康疗养服务

With the medical system as the technical support, for special groups such as women, young children and the elderly provide comprehensive, full-time health care services

06 德阳市养老托幼项目
DEYANG NURSING CARE BUILDING

项目地点：四川省德阳市旌阳区
设计单位：中国建筑西南设计研究院有限公司
设计阶段：概念设计
用地面积：11546m²
建筑面积：64378m²

1 概念模型鸟瞰图

2 主立面沿街透视图

3 中医医院建筑设计

DESIGN FOR TRADITIONAL CHINESE MEDICINE (TCM) HOSPITAL

传统的"进化"

——中医医院的发展趋势

随着中医的整体观念和辩证临床思维逐步得到广泛的认可,国家对中医传承创新发展的信心和决心越发突显。与西医的实证科学、线性逻辑式处理健康问题不同,中医内涵天地之道,而现代中医医院发展更为多元化,中医正朝着现代化、理性化、系统化的方向发展,从历史古典经典向现代科学发展转变。

现在,越来越多的病人选择了中西结合的治疗方式,掀起了又一轮中医发展的热潮。中医院需要借助于现代医学技术,在更科学的诊疗手段下,进一步提高中医诊疗水平,走向更高的发展层次。医院本身功能庞大且复杂,中医院设计应从各医疗功能组团间的关系出发,以具有创新性的方式将中西结合的治疗方式融入建筑之中,解决功能分区间相互交织的关系,以提供更高质量的病人护理与更加便捷的诊疗动线,为医疗环境创造出连续的重要空间节点(图3-1)。未来的中医医院将融合诊疗、护理、信息技术及临床研究等,为患者提供全方位、高效、安全、高品质的医疗服务。总体来看,未来中医院将呈现出以下几点发展趋势:

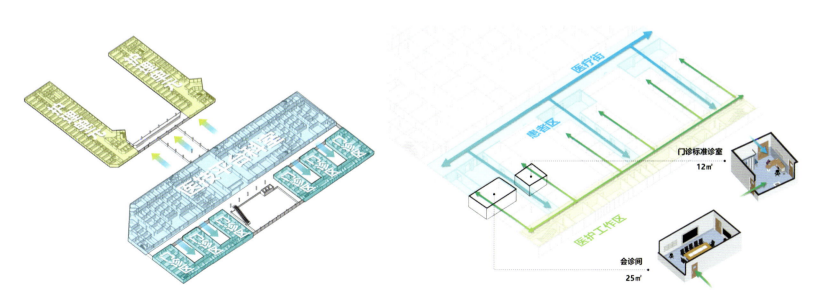

图 3-1 门诊单元模块化设计示意图

3.1 完善医院设施与功能，提供全方位就医服务

现代中医院在治疗体系上更完善，医疗设备、设施综合医院化，利用现代化的诊疗手段，可对应所有的病种类型，并且在中医专项治疗体系上更突出。现代中医院应加大对中医优势治疗体系的投入和发展，全方位发挥中医院在慢病体系、康复体系中的优势和作用。

中医院建筑可根据医疗功能组团间的串联关系，创造具有实用性和创新性的医院空间，注重中西结合融承创新，强调现代医院内部空间结构的明晰性和逻辑性，以医技为核心，中医为主线，形成主次分明的分层诊疗体系，加快特色专科发展，提升综合实力，发展中西医结合诊疗，完善治疗体系，提供全方位的就医保障，中西医齐头并进，形成创新高效、优势突出、完整有序的现代化中医院。

3.2 打造具有适应性的融合平台，中医药特色产业全覆盖

中医医院在健康管理、中药配方等领域发挥着重要作用，中医院产业有助于实现精准医疗，改善全民健康水平。现代中医院应以中医药创新发展为契机，激发产业创新活力和动力，以院内制剂为核心，打造医、教、研、产、学结合的跨界融合新平台（图3-2），搭建药物分析等共性技术服务平台：①引入专业医学转化实验室，在医院内建立中药制剂全过程标准化模式，不断提高制剂质量，在剂型上满足患者个性化要求；②依托医院科研项目及GCP，加大新制剂研发力度，满足医院科研对新制剂的需求；③深度挖掘中医经方、临床验方，按照标准化流程和现代药物制剂理论与技术。

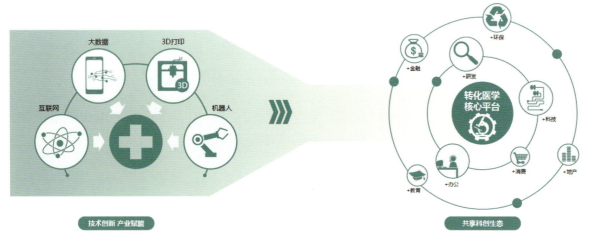

图3-2　医学转化和产业发展示意图

3.3 构建人与自然和谐的中医院疗愈环境

现代中医院建筑形态的表达逻辑是多元化的，我们遵循道法自然的中医内核，在现代材料、结构技术发展下，将传统建筑中易于识别的特征及内涵以符合当代发展需求的方式进行转译、创新与发展。

3.3.1 传统庭院布局的借用

庭院是中国传统建筑最为显性的特征空间，借用传统建筑的图底关系，利用线性的"游廊"、点状的"亭"对庭院空间进行划分排布（图3-3），建筑尺度与空间形态有规律的更替，同时利用多种元素组合，内外渗透，创造出自然和谐的建筑空间形态。

图 3-3　自然疗愈元素示意图

3.3.2 立面元素的转译

采用传统审美与现代技术结合的细部处理，将一些传统的建筑符号通过现代化的转译融入建筑立面细部之中。如重檐、花窗、斗栱等的传统元素（图3-4），可以在现代语境下，结合医院使用空间要求进行转译，通过对其构形元素的"简化"和结构模式的"打散"，确立了新的存在形式，相较直接使用将更加和谐，以达到现代、人文、绿色的设计目标。

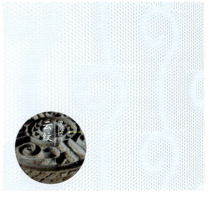

图 3-4　传统建筑元素的提取与转译示意图

3.3.3 富含中医药特点的景观设计

以打造契合自然与人文的医疗环境为核心,一方面,通过游廊、挑檐、庭院等地域元素,形成相互呼应、轴线明晰的景观空间形态,建筑与环境和谐相融;另一方面,用植物造景营造一个安静优雅的园林环境(图3-5),选用中草药中具有较高观赏性,可以用于医院绿化的植物进行种植,植物搭配依据五行所对应的五季、五气、五脏以及五腑,强调中医药传统"天人合一",强调自然之道。

图3-5 中医院绿化庭院示意图

我们遵循中医传统文化的哲学意蕴,并对其进行价值拓展,构建融汇地域、融入自然、融贯身心的理想就医场所,同时完善现代化中医院的全方位、全周期健康服务体系,促进中医药产业高质量发展,突显中医医院的进化力。

中医医院
项目目录

01	广元市第一人民医院三江新区分院 / 118
02	滕州市中医医院迁建项目 / 124
03	成都中医药大学附属第二医院一期 / 130

01 广元市第一人民医院三江新区分院
THE FIRST PEOPLE'S HOSPITAL OF GUANGYUAN IN SANJIANG NEW AREA

项目地点：四川省广元市昭化区
设计单位：中国建筑西南设计研究院有限公司
建设单位：广元市健康产业发展集团有限公司
运营医院：广元市第一人民医院
施工单位：广元建工集团有限公司
设计阶段：方案设计、初步设计、施工图设计
设计时间：2022年05月
竣工时间：在建
用地面积：67800m²
建筑面积：100000m²
床位数：600床

1 主入口透视图

2 住院楼透视图

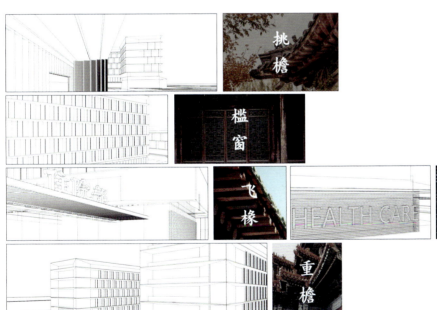

3 传统建筑元素的提取与转译

山、水、石、院、街

将建筑细部与历史文脉结合表达

MOUNTAINS, WATER, STONES, COURTYARDS, STREETS

UNITING ARCHITECTURAL INTRICACIES WITH

HISTORICAL & CULTURAL CONTEXT

内蕴文化的现代医院

A MODERN HOSPITAL WITH RICH CULTURAL HERITAGE

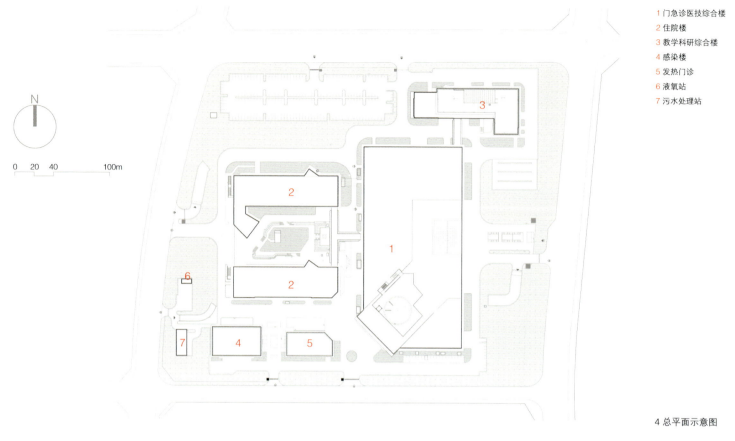

1 门急诊医技综合楼
2 住院楼
3 教学科研综合楼
4 感染楼
5 发热门诊
6 液氧站
7 污水处理站

4 总平面示意图

5 鸟瞰图

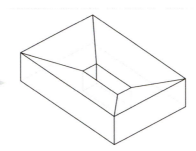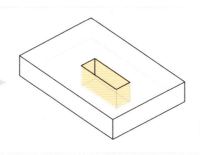
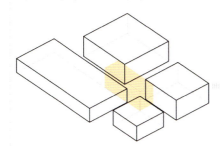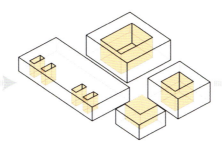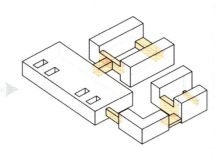

6 传统院落的空间进化

7 急诊广场透视图

8 内庭透视图

9 沿街透视图

10 住院入口透视图

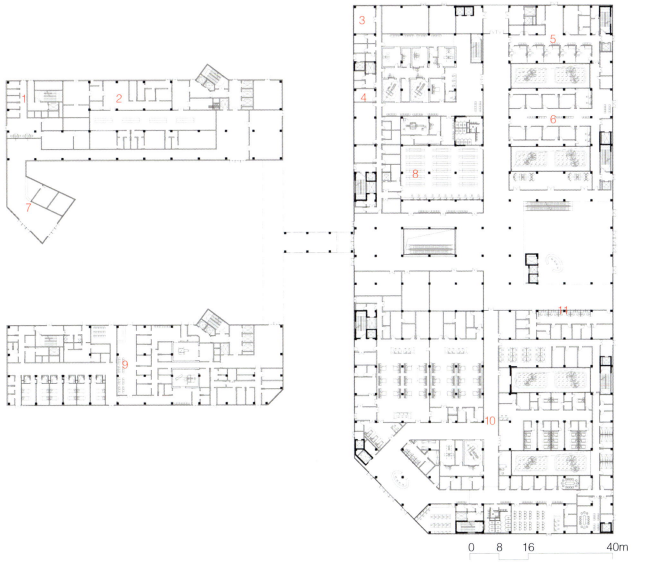

1 住院药房
2 静脉配液中心
3 消防安防能耗
4 影像中心
5 儿保门诊
6 儿科门诊
7 配套服务中心
8 门诊药房
9 核医学科
10 急诊急救中心
11 挂号收费

11 一层平面图

12 内庭透视图

13 室内透视图

02 滕州市中医医院迁建项目
TENGZHOU HOSPITAL OF TRADITIONAL CHINESE MEDICINE

项目地点：山东省滕州市高铁新区
设计单位：中国建筑西南设计研究院有限公司
建设单位：山东滕发投资控股有限公司
运营医院：滕州市中医医院
施工单位：EPC 联合体（中国建筑西南设计研究院有限公司、中国建筑第八工程局有限公司等）
设计阶段：方案设计、初步设计、施工图设计
设计时间：2023 年 06 月
用地面积：112056m²
建筑面积：296949.31m²
床位数：1700 床

1 主入口透视图

2 局部透视图

守正出新

UPHOLDING TRADITION & EMBRACING INNOVATION

济世杏苑

A HEALING PLACE FOR THE SICK

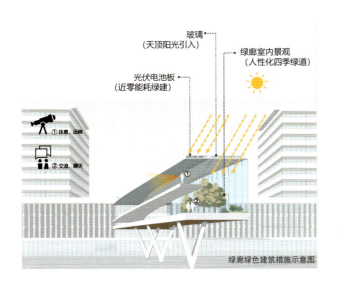

绿廊绿色建筑措施示意图

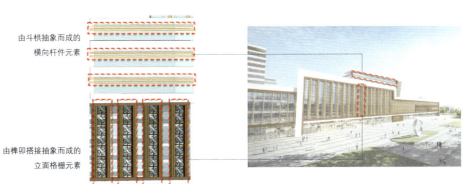

3 传统建筑元素的提取与转译

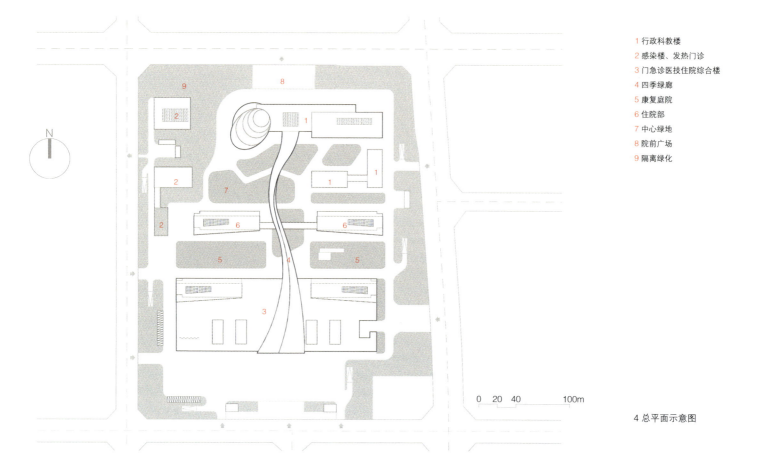

1 行政科教楼
2 感染楼、发热门诊
3 门急诊医技住院综合楼
4 四季绿廊
5 康复庭院
6 住院部
7 中心绿地
8 院前广场
9 隔离绿化

4 总平面示意图

5 鸟瞰图

6 内庭透视图

7 广场近点透视图

8 绿廊透视图

9 沿街透视图

10 北入口鸟瞰图

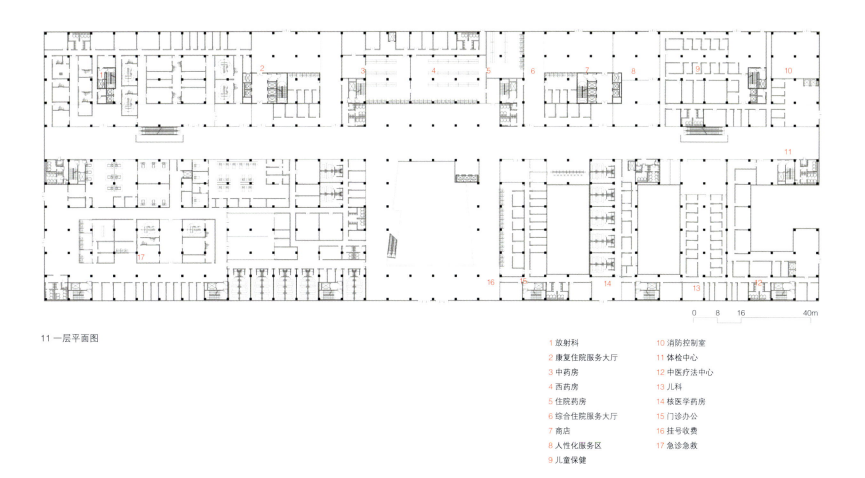

11 一层平面图

1 放射科	10 消防控制室
2 康复住院服务大厅	11 体检中心
3 中药房	12 中医疗法中心
4 西药房	13 儿科
5 住院药房	14 核医学药房
6 综合住院服务大厅	15 门诊办公
7 商店	16 挂号收费
8 人性化服务区	17 急诊急救
9 儿童保健	

遥看狐山，山水相融

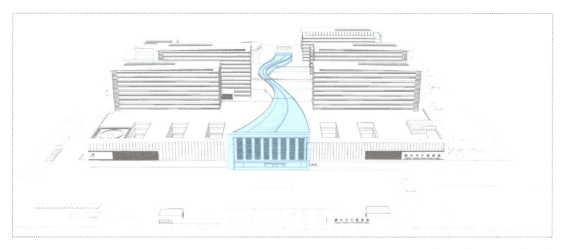

12 古代"山水画"的空间进化

03 成都中医药大学附属第二医院一期
THE SECOND HOSPITAL OF CHENGDU UNIVERSITY OF TRADITIONAL MEDICINE

项目地点：四川省成都市温江区
设计单位：中国建筑西南设计研究院有限公司
建设单位：成都中医药大学附属第二医院
施工单位：EPC联合体 [中国建筑西南设计研究院有限公司、中国建筑一局（集团）有限公司等]
设计阶段：方案设计、初步设计、施工图设计（一期）
设计时间：2019年12月
竣工时间：在建
用地面积：46432m²
建筑面积：33729m²（一期）
床位数：100床（一期）

1 一二期整体鸟瞰图

2 实景鸟瞰图

提取五行色彩
COLOR DESIGNS BASED ON THE CHINESE FIVE ELEMENTS
建筑与自然相联
BUILDINGS BLENDED WITH NATURE

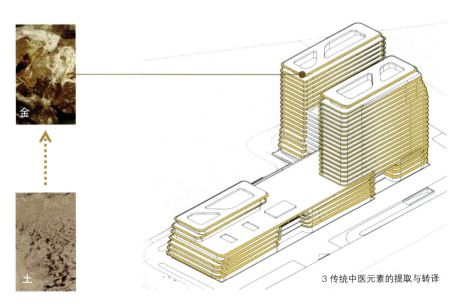

金

土

3 传统中医元素的提取与转译

131

1 急诊急救中心
2 门诊大厅
3 中心药房
4 感染科门诊
5 影像科
6 一站式服务区

4 一层平面图

5 一二期整体透视图

6 门诊大厅效果图

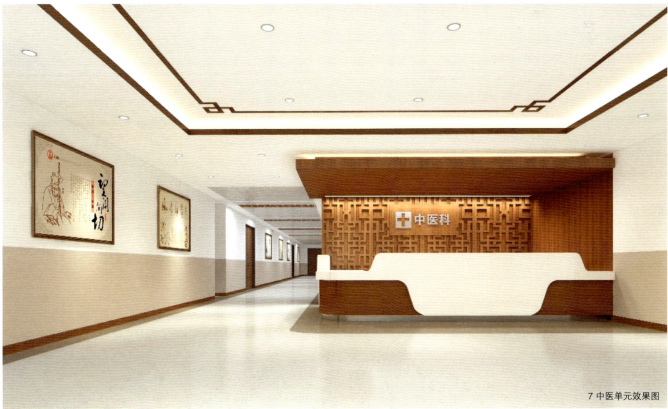

7 中医单元效果图

4 口腔医院建筑设计
DESIGN FOR STOMATOLOGICAL HOSPITAL

新一代口腔医院的特殊类型化思考

口腔医疗是以口腔医疗服务消费为基础，包含医疗及消费双重属性，是为满足口腔及颌面部疾病的预防和诊疗、口腔美容等需求提供相关医疗服务的行业。口腔医学类作为现代医学体系中 11 个一级学科之一，随着国民健康意识的增强，人们对口腔健康的重视程度提高，对口腔医疗及泛医疗化服务的需求更加多样化。我国口腔医疗健康产业前景广阔，对新一代口腔医院的策划、设计与实施也提出了不同于传统医院的要求与挑战。

4.1 口腔特殊消费人群再定义"去医院化"建筑设计

在口腔健康意识增强、口腔医疗服务供给需求增加的大背景下，口腔消费人群逐步年轻化、低龄化。有别于综合医院的患病人群，口腔消费者不仅包含口腔疾病患者，还包含以健康维护、美容修复等服务为主的健康人群。在接受过口腔医疗服务的人群中，以健康维护类口腔医疗服务的消费者占比最多，这部分消费者明显具备"非患者性"的特殊属性。因此，面对新一代年轻化、低龄化的口腔患者，根据其追求新兴事物的心态，我们可以在新一代口腔医院建筑造型设计上对"去医院化设计"理念进行积极探索和大胆实践。

4.2 艺术互融刷新口腔诊疗空间体验感

随着物质生活水平的提高，消费者对口腔医疗服务的需求从健康维护、疾病治疗的刚性需求向美容修复等方面的消费需求发展，这对口腔诊疗空间的美学环境、价值传递、人性化关怀提出了新的要求。在口腔诊疗空间的设计上通过艺术与口腔医学的互融，可以从多感官、多维度综合提升就医过程的舒适度和品质感，刷新口腔诊疗空间体验感（图 4-1）。

图 4-1 四川大学华西口腔医院四季大厅

4.3 技术进步助力口腔行业数字化转型

数字化技术的加速渗透,给口腔医疗健康产业带来一系列革新与突破。一方面各项业务流程实现数字化、可视化、自动化和智能化,以达到降本增效的效果。另一方面口腔数字化扫描、口腔大数据库建立、3D打印等技术的发展,极大提高口腔诊疗的可预见性与精准度,并有效缩短诊疗周期。规划设计在强调口腔医院特有诊疗体系的同时,也应关注口腔医疗数字化转型带来的全专业特殊需求。

4.4 学科细分促使诊疗空间参数化、模块化发展

随着全民口腔护理意识显著增强,口腔护理专业化需求日益提高,这也促使口腔医疗学科细分呈现更加专业化、精细化的趋势。我国当前口腔医疗学科已发展细分包含正畸科、修复科、种植科、儿童口腔科、颌面外科等。针对这种学科细分的趋势,设计以口腔基本诊疗模块为单元,以诊疗模块空间尺寸和模块数量为参数,按细分学科需求参数化调整空间大小、模块化组合空间形式,灵活布置口腔诊疗单元以满足不同治疗模式需求(图4-2)。

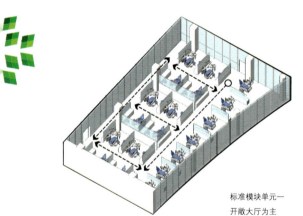
标准模块单元一
开敞大厅为主

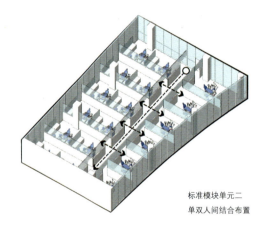
标准模块单元二
单双人间结合布置

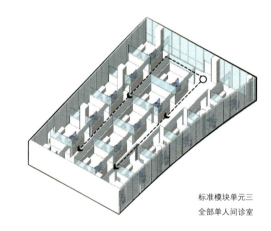
标准模块单元三
全部单人间诊室

图4-2 诊疗空间模块化灵活布置

4.5 医、教、研、产协同发展造就空间形态多样化组合

随着北京大学口腔医院、四川大学华西口腔医院、上海交通大学医学院附属第九人民医院三大国家口腔医学中心的确立，建设高水平口腔医疗、教育和科研创新平台已成为口腔医疗健康产业的重点任务。未来以口腔医疗健康为核心的口腔智慧诊疗中心、口腔疾病临床研究中心、国际口腔医学交流与培训中心、口腔人工智能与数字化转型中心等科研、教学、产业平台，将成为口腔医疗体系重要的组成部分。为促进医、教、研、产深度融合，与之匹配的建筑空间形态也将从单纯的口腔诊疗空间转变成集医、教、研、产多维一体的多样化集群空间（图4-3）。

图 4-3 集医、教、研、产多维一体的口腔医疗健康体系

口腔医院
项目目录

| 01 | 四川大学华西口腔医院（天府院区）建设项目　/　140 |
| 02 | 西南医科大学附属口腔医院　/　148 |

01 四川大学华西口腔医院（天府院区）建设项目
WEST CHINA SCHOOL/HOSPITAL OF STOMATOLOGY SICHUAN UNIVERSITY（NATION CENTER FOR STOMATOLOGY）

项目地点：四川省成都市天府新区

设计单位：中国建筑西南设计研究院有限公司

建设单位：四川大学华西口腔医院

设计阶段：概念方案

设计时间：2023 年 07 月

用地面积：96048m²

建筑面积：182792m²

床位数：100 床

牙椅数：200 台

1 清晨鸟瞰

温柔似云
GENTLE AS DRIFTING CLOUDS
流云望山
BY THE MOUNTAINS

2 黄昏鸟瞰

3 夜景鸟瞰

1 儿童门诊门厅
2 儿童门诊单元
3 辅助办公区
4 口腔门诊门厅
5 挂号收费
6 出入院服务中心
7 国际医疗接待大厅
8 住院门厅
9 门诊药房
10 急诊科
11 医疗影像科

4 1F 平面图

5 四季大厅

1 门诊单元
2 候诊区
3 数字化义齿加工中心
4 3D 高精度打印

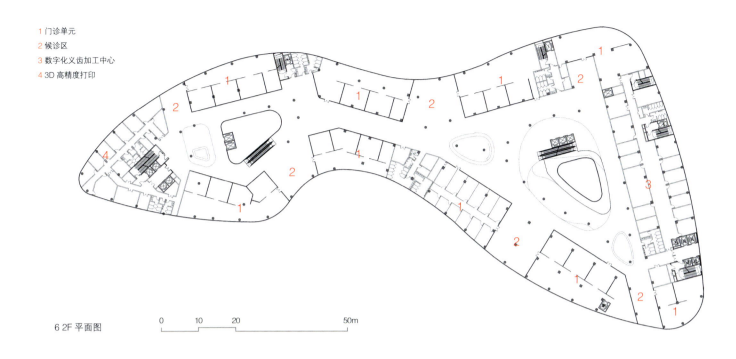

6 2F 平面图

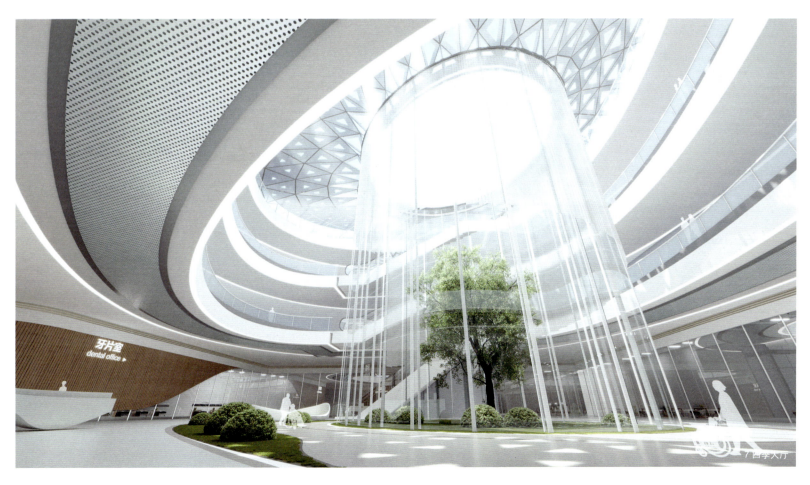

8 科研产业园沿街透视

9 科研产业园鸟瞰图

1 电梯厅
2 特需病房区
3 普通病房区
4 医护区
5 污物区

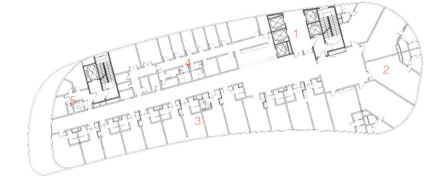

10 病房标准层　0　10　20　　50m

11 远眺项目、天府大道、兴隆湖城市关系

147

02 西南医科大学附属口腔医院
THE AFFILIATED STOMATOLOGICAL HOSPITAL OF SOUTHWEST MEDICAL UNIVERSITY

项目地点：四川省泸州市江阳区
设计单位：中国建筑西南设计研究院有限公司
建设单位：西南医科大学附属口腔医院
施工单位：成都建工第二建筑工程有限公司
设计阶段：方案设计、初步设计、施工图设计
设计时间：2018年03月
竣工时间：2022年12月
用地面积：33712m²
建筑面积：43861m²
床位数：80床
牙椅数：268台
实景拍摄：404NF STUDIO

1 远期整体鸟瞰

2 夜景鸟瞰

一抹青绿
A BRUSH OF GREEN
展齿之折
THAT BRINGS DELIGHT

3 门诊主入口

4 沿街立面

5 入口大厅

6 室内局部

7 夜景局部

5 肿瘤医院建筑设计
DESIGN FOR CANCER HOSPITAL

肿瘤治疗体系的延展

医学技术的迭代发展是推动治疗体系和医院建设的根本原因。肿瘤作为人类全生命周期的第一大疾病，治疗技术将不断创新发展，肿瘤医院未来将面临多元化的发展趋势。

5.1 全过程治疗体系

肿瘤治疗包含手术、放疗、化疗、靶向治疗、免疫治疗等技术手段。根据肿瘤发病部位和特征，各治疗技术均表现出一定的优劣势，多种治疗手段密切配合，才能达到事半功倍的治疗效果（图5-1）。一次性建设或逐步实现全过程治疗体系全覆盖，是未来国内外大型肿瘤医院发展的重要方向。

图5-1 肿瘤治疗体系

5.2 重视预防筛查

肿瘤的预防筛查主要针对有遗传病史、易患肿瘤的人群和治疗康复后的定期复检人群，通过预防筛查达到早发现、早治疗的目的。因此，从某种意义上说，肿瘤预防筛查的作用远大于治疗。未来，依托大型肿瘤医院或独立配备先进检查检验设备的肿瘤筛查中心具有广泛的市场前景。

5.3 康复型肿瘤医院

肿瘤康复是指在肿瘤治疗过程中或治愈后实现回归自我、回归家庭、回归社会的第二周期过程。我国癌症幸存人群总体数量呈现快速增长趋势，但肿瘤康复领域尚有待发展。传统肿瘤专科医院康复科及综合医院肿瘤康复功能，治疗手段较为单一，没有形成有计划的多学科合作，缺少综合全面的肿瘤康复能力。随着肿瘤治愈人群数量快速增长，未来将形成更多的康复型肿瘤医院，多学科协同发展，推动我国肿瘤康复向专业化、规模化的方向快速发展。

5.4 研究型肿瘤医院

肿瘤治疗技术、药物的发展日新月异，科研与临床二者密不可分，大型肿瘤医院也需逐步向研究型医院转型。优化前沿科研成果的临床转化应用路径、缩短科研与临床的空间距离，有利于医务工作者更好地开展科研工作，并让肿瘤患者得到更好的救治。

5.5 国家肿瘤区域医疗中心

基于我国癌症防控形势严峻、癌症疾病负担日益严重和异地就医肿瘤患者比例上升的情况，国家积极推进肿瘤区域医疗中心的建设。

作为医疗设计专业化发展的重要构成，肿瘤医院根据未来多元发展趋势，在规划建设中应体现具有前瞻性的设计理念。

5.6 MDT 多学科诊疗模式

肿瘤作为发病机制复杂、病变累及多个器官的慢性病，传统的单科专科化治疗模式已经无法满足其预防和治疗需求，MDT 多学科诊疗逐渐成为肿瘤诊疗新趋势。

5.7 全过程一站式医疗体系

针对肿瘤治疗技术多样化的特点，应对肿瘤医院进行一体化设计，通过对预防筛查、全过程治疗体系、康复、科研等进行医疗流程的有机融合，使医院诊疗流程便捷、高效，为患者提供高品质就医体验的一站式医疗服务体系。

5.8 人性化疗愈环境

肿瘤患者覆盖不同年龄段、不同性别、不同背景的人群，不同人群在治疗过程中往往会表现出不同的心理特征。与普通疾病患者相比，肿瘤患者往往承受着更大的心理压力。在肿瘤医院设计中，应更多地从环境心理学角度出发，创造更为宜人、优质的就医环境，舒缓病患不安的情绪，提升整体治疗效果。如肿瘤大型影像检查或放射治疗用房位于地下空间时，通过采光天井或下沉庭院将自然光线引入，为患者提供室外活动空间的同时，有助于缓解地下昏暗压抑的心理感受（图 5-2）。

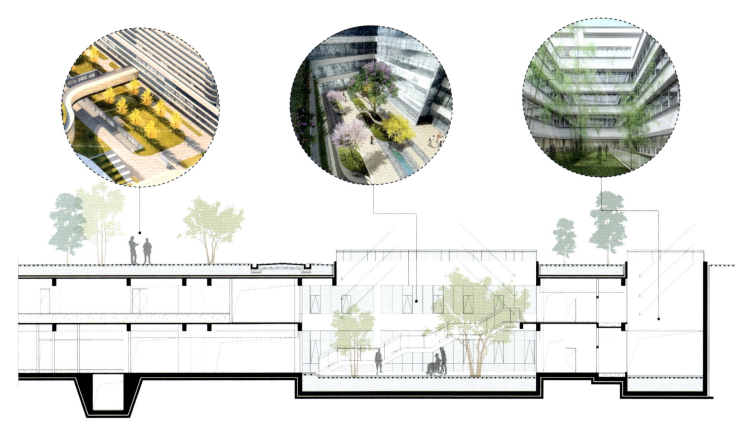

图 5-2　医院下沉庭院与采光天井

图 5-3　质子治疗中心建设程序

5.9 质子重离子治疗中心专项设计

肿瘤放射治疗已进入精准智能的新时代，质子放射治疗作为放疗技术的"塔尖"，被寄予厚望。《中国制造 2025》明确把质子重离子治疗系统等高性能医疗设备作为重点发展的十大产业之一。我国制造业转型升级，为质子重离子治疗系统的创新发展带来重大机遇，其市场呈现加速增长态势。中国建筑西南设计研究院有限公司联合国内医疗机构、建筑及设备生产研发专家共同编写的《质子治疗中心建设指南》全面系统地介绍了质子治疗系统建设要求、设计与建造实施及国外先进案例，生动立体地展现了质子中心建设全貌（图 5-3）。

质子重离子治疗系统作为大型高端医疗设备，是集放射医学、放射物理、核技术、高级影像、网络技术、自动控制、精密机械等多学科融合交叉为一体的高科技医疗设备集成系统。不同于普通医院先设计建造，再考虑医疗设备的选型采购，质子重离子中心需先进行设备选型，再进行针对性的专业化设计。在设计过程中，需根据设备参数对应满足辐射防护安全、治疗与设备环境、地面沉降及平整度、设备安装、消防等一系列重难点要求，实现质子重离子系统与我国本土建筑环境及规范的完美融合。

随着 BIM 技术在建筑行业的广泛应用，BIM 正向设计在质子重离子治疗中心这一类复杂医疗建筑中的优势突出。各专业之间协同配合，通过对机房区域的三维空间精确定位、主体结构内钢筋及预埋管线合理避让、机电管线综合及净高分析、材料及设备数量统计等，确保设计建造的高效推进（图 5-4）。

5.10 新技术预留发展

目前，在一些发达国家，肿瘤患者的死亡率已有所降低，肿瘤治疗的方向正在从彻底消灭癌细胞，向着既要提高疗效，又要把药物副作用降低，提高患者生存质量的方向转变。质子治疗设备小型化，分子靶向治疗异军突起，个体化治疗日趋成熟。肿瘤医院规划设计应为新技术、新设备应用预留充分的发展空间。

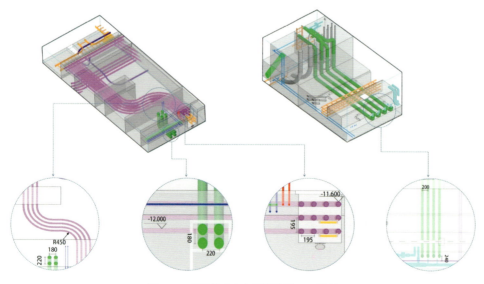

图 5-4 质子治疗中心预埋管道 BIM 模型

肿瘤医院
项目目录

01	四川省肿瘤诊疗中心 / 158
02	广州医科大学附属肿瘤医院（南沙院区） / 166
03	云南省肿瘤医院云南省癌症中心 / 170
04	国家肿瘤区域医疗中心二期（北京大学肿瘤医院云南医院） / 172

01 四川省肿瘤诊疗中心
SICHUAN CANCER TREAMENT CENTER

项目地点：四川省成都市天府新区
设计单位：中国建筑西南设计研究院有限公司
建设单位：四川省肿瘤医院
代理业主：四川省省级机关房屋建设中心
施工单位：EPC联合体（中国华西企业股份有限公司、中国建筑西南设计研究院有限公司、中国建筑西南勘察设计研究院有限公司等）
设计阶段：方案设计、初步设计、施工图设计
设计时间：2018年07月
竣工时间：2023年07月
用地面积：89921m²
建筑面积：278865m²
床位数：1300床

1 日景鸟瞰效果图

以质子治疗为核心的全过程肿瘤治疗体系
COMPREHENSIVE TUMOR TREATMENT SYSTEM WITH PROTON THERAPY AS THE CORE
康复型 + 研究型肿瘤医院
REHABILITATION-ORIENTED & RESEARCH-FOCUSED ONCOLOGY HOSPITAL

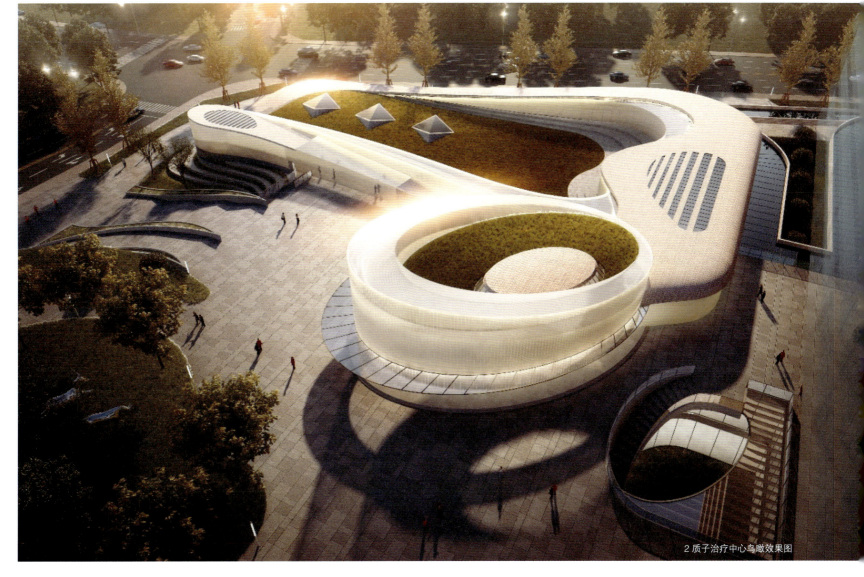

2 质子治疗中心鸟瞰效果图

以质子治疗为核心的地下大型肿瘤治疗集群
UNDERGROUND TUMOR TREATMENT SYSTEM WITH PROTON THERAPY AS THE CORE

3 夜景鸟瞰效果图

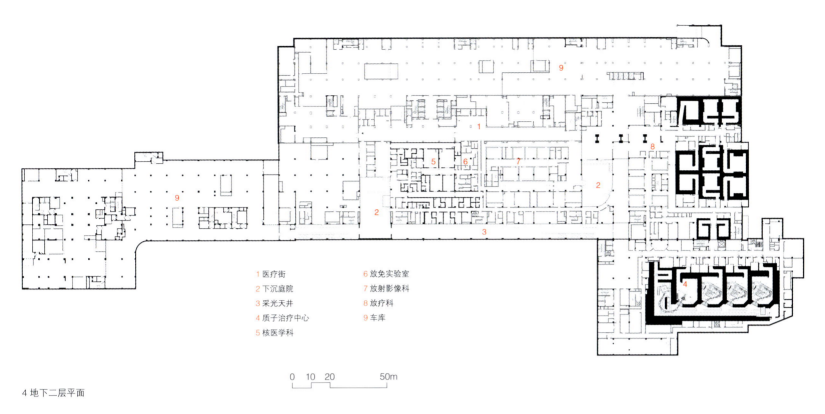

1 医疗街	6 放免实验室
2 下沉庭院	7 放射影像科
3 采光天井	8 放疗科
4 质子治疗中心	9 车库
5 核医学科	

4 地下二层平面

5 质子治疗中心鸟瞰效果图

地景式表达——建筑、景观、室内一体化设计
INTEGRATED DESIGN OF ARCHITECTURE, LANDSCAPE, INTERIOR

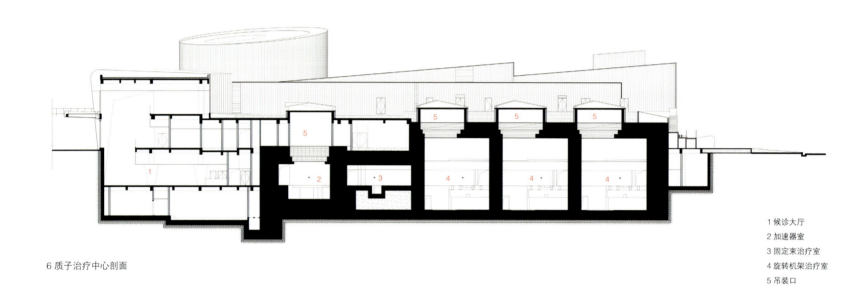

6 质子治疗中心剖面

1 候诊大厅
2 加速器室
3 固定束治疗室
4 旋转机架治疗室
5 吊装口

7 质子治疗中心透视效果图

8 质子治疗中心接待大厅

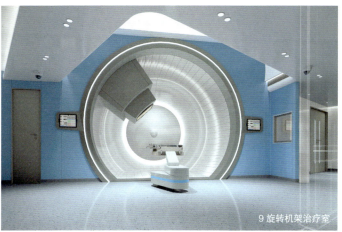
9 旋转机架治疗室

10 质子治疗中心候诊大厅

11 康复住院透视效果图

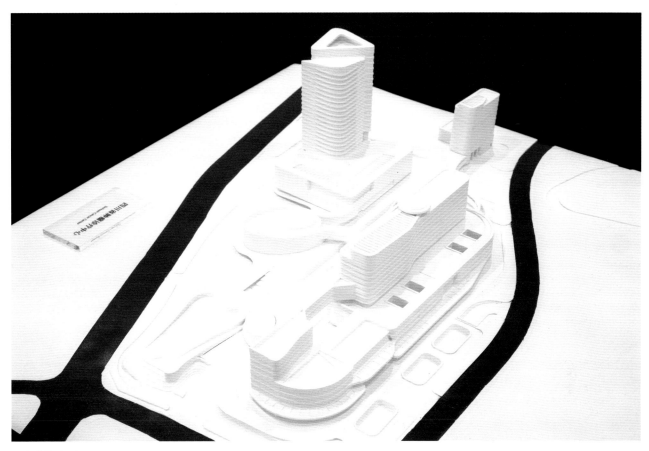

12 实体模型照片

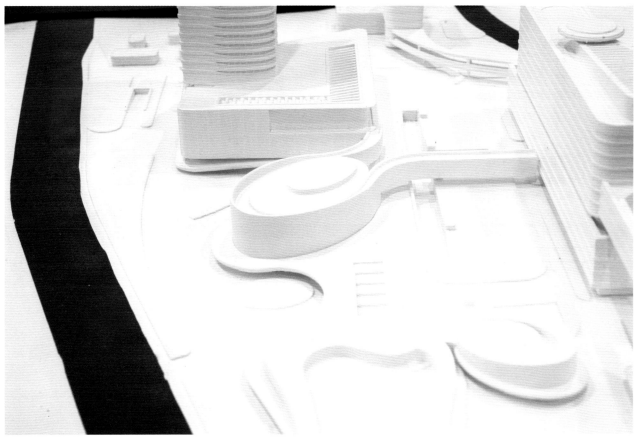

13 实体模型照片

02 广州医科大学附属肿瘤医院（南沙院区）
AFFILATED CANCER HOSPITAL AND INSTITUTE OF GUANGZHOU MEDICAL UNIVERSITY（NANSHA）

项目地点：广东省广州市南沙区
设计单位：中国建筑西南设计研究院有限公司
建设单位：广州南沙经济技术开发区建设中心
建设管理单位：广州南沙产业建设管理有限公司
运营医院：广州医科大学附属肿瘤医院
设计阶段：方案设计、初步设计
设计时间：2021年09月
竣工时间：在建
用地面积：67603m²
建筑面积：185298m²
床位数：1000床

清雾净霏
THE TRANQUIL AND REJUVENATING ENVIRONMENT
祥云飘动
BRINGS POSITIVE ENERGY AND PROSPERITY

1 白天鸟瞰效果图

2 入口透视效果图

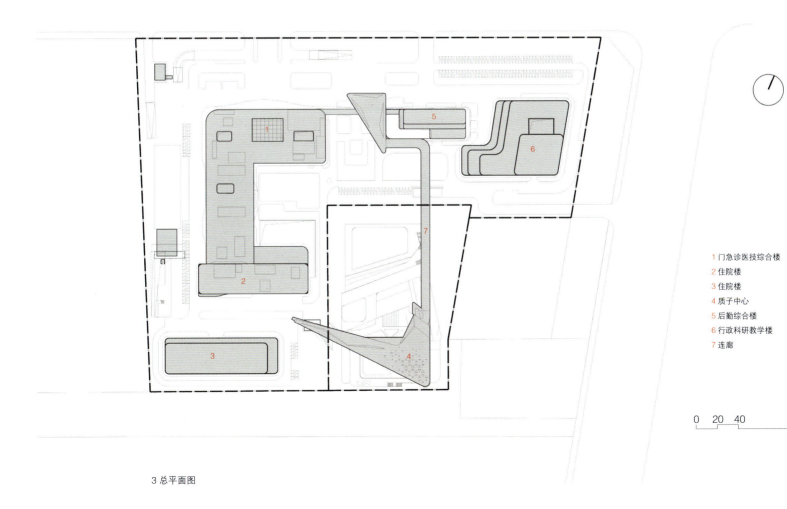

1 门急诊医技综合楼
2 住院楼
3 住院楼
4 质子中心
5 后勤综合楼
6 行政科研教学楼
7 连廊

3 总平面图

4 庭院剖面图

5 质子治疗中心白天鸟瞰效果图

6 质子治疗中心人视点效果图

7 质子治疗中心夜景效果图

8 院区内部透视效果图

03 云南省肿瘤医院云南省癌症中心
YUNNAN CANCER HOSPITAL, YUNNAN CANCER CENTER

项目地点：云南省昆明市西山区
设计单位：中国建筑西南设计研究院有限公司
建设单位：云南省肿瘤医院
施工单位：中国建筑第七工程局有限公司
设计阶段：方案设计、初步设计、施工图设计
设计时间：2021年05月
竣工时间：在建
用地面积：16053m²
建筑面积：145415m²
床位数：653床

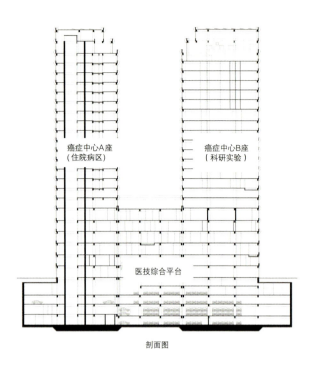

剖面图

全周期科研型癌症诊疗中心
FULL-PERIOD REASEARCH CANCER TREATMENT CENTER

1 人民西路鸟瞰效果图

2 人民西路与康苑路交叉口透视效果图

3 总平面图

1 医技综合楼
2 癌症中心A座
3 癌症中心B座
4 门急诊医技综合楼（现状）
5 门急诊医技综合楼（现状）
6 医技楼（现状）
7 第一住院楼（现状）
8 第二住院楼（现状）
9 医技科教楼（现状）
10 后勤楼（现状）

0　40　80　　　200m

04 国家肿瘤区域医疗中心二期（北京大学肿瘤医院云南医院）
NATIONAL CANCER RIGIONAL MEDICAL CENTRE（BEIJING CANCER HOSPITAL YUNNAN HOSPITAL）

项目地点：云南省昆明市经济技术开发区
设计单位：中国建筑西南设计研究院有限公司
建设单位：昆明市经开区人民医院
设计阶段：概念方案设计
设计时间：2022 年 12 月
用地面积：53332m^2
建筑面积：138380m^2
床位数：400 床

共享医技平台

THE SHARED MEDICAL PLATFORM

守望春城

SAFEGUARDS KUNMING-THE CITY OF SPRING

1 沿街透视效果图

2 整体日景鸟瞰效果图

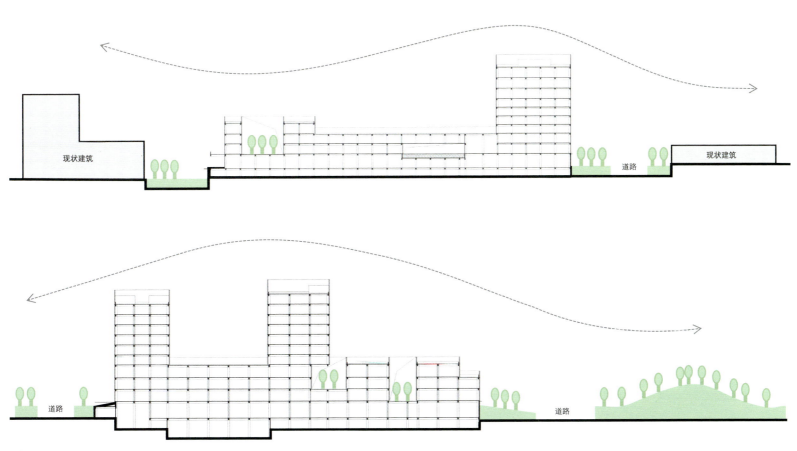

3 剖面图

6 精神专科及脑科医院建筑设计
DESIGN FOR PSYCHIATRIC AND BRAIN HOSPITAL

精神专科医院设计的"迭代"

随着社会发展和人民生活水平的不断提高，人们对精神健康的重视程度也不断增强，对精神专科医院的建设和发展也更加关注和重视。精神疾病发病率逐年攀升、老年化率上升，精神病医院的未来需求不断扩大；患者需求多样化，精神专科医院发展围绕精神医学的相关学科进行扩展，如：区域精神医疗中心、精神病医院、心理医院、脑科医院等。医院提供服务范围扩大，医院的发展模式也相应"迭代"。

6.1 "大专科、小综合"向"大综合、强专科"的医疗模式迭代

当前精神专科医院发展难题主要是服务对象涉及面窄，仅面向精神障碍者，医院效益较低。为摆脱这种困境，精神病院势必要改变传统专科医院"大专科、小综合"的发展模式，转型为"大综合、强专科"的发展理念，以需求为导向，在精神专科建设基础上发展大综合医疗服务，以促进医院走上多元化、全面发展之路。

"大综合、强专科"模式的精神专科/脑科医院，在床位分配上，常采用1/2~2/3用房为综合科，1/3~1/2为精神专科。在医疗流程上，门诊、医技检查等与综合、精神科室各有不同通道，避免两类患者交叉影响，满足二者对就医环境的不同需求；在后勤保障系统上，采用一套系统，同时满足两区使用（图6-1）。

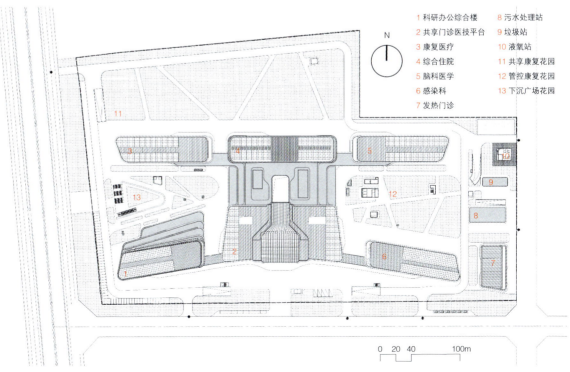

图6-1　成都市脑科学医院总平面图

6.2 医院环境从"全控"向"开放"迭代

打破精神专科医院的"封闭""控制"的刻板印象,除特殊区域外,精神专科医院逐步向开放、包容的城市空间过渡。

将患者人群划分为健康人群—轻度患者—中度患者—重症患者,不同区域设置不同级别管控措施。对健康患者和轻度患者使用空间采用开放、"去医院化"的空间布局;对中度患者使用空间采用监督限时管控的空间布局;对重症患者采用"全控"的空间布局。

医院空间环境设计除需要满足患者"私密性设计""安全性设计""人性化设计"的需求以外,注重对使用者心理状态的关怀,精神病院的"全控"属性逐渐减弱(图6-2)。

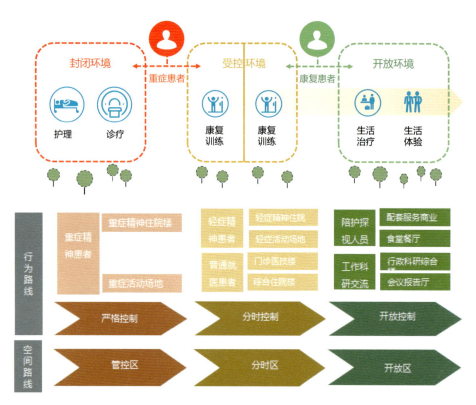

图6-2 医院空间环境控制要求

6.3 医院向建设完整医疗平台、服务多元化迭代

精神专科医院逐步向建立完整的医疗平台,为患者提供完整的医疗服务方向发展。多病种患者能在医院中完成诊断→检查→治疗→康复一站式治疗服务,医院服务内容逐步多元化。

精神专科医院向患者治愈后的服务体系拓展。精神患者回归家庭、回归社会是一个渐进过程,全过程的心理治疗体系包括心理测评→心理咨询→心理治疗→康复训练。医院除让患者临床痊愈外,还应关注患者作为"社会人"的属性,在医疗空间上,规划家庭生活技能训练、职业技能训练、认知训练、人际交流训练、环境适应力训练等康复场所,为患者回归社会做好准备。在建筑空间环境上,实现医院与城市融合,营造精神病院与城市之间良好的共生关系,为患者提供舒适、安心的疗养空间。

精神专科及脑科医院项目目录

01	成都市脑科学医院（电子科技大学成都脑科学研究临床医院） / 178
02	西昌市第二人民医院 / 184
03	四川省精神医学中心 / 186
04	成都市成华区第七人民医院 / 188

01 成都市脑科学医院（电子科技大学成都脑科学研究临床医院）
CHENGDU BRAIN SCIENCE HOSPITAL（CHENGDU BRAIN SCIENCE RESEARCH CLINICAL HOSPITAL, UESTC）

项目地点：四川省大邑县
设计单位：中国建筑西南设计研究院有限公司
建设单位：成都市第四人民医院
代理业主：成都医疗健康投资集团有限公司
设计阶段：方案设计、初步设计、施工图设计
设计时间：2023年05月
竣工时间：在建
用地面积：63961m²
建筑面积：209950m²
床位数：1450床

1 主入口鸟瞰图

2 北内院透视图

云伴西岭

BILLOWING CLOUDS BY SNOWCAPPED MOUNTAINS

疗愈绿心

NURTURING HEART WITH GREENERY

3 南内院透视图

4 绿庭空间意向图

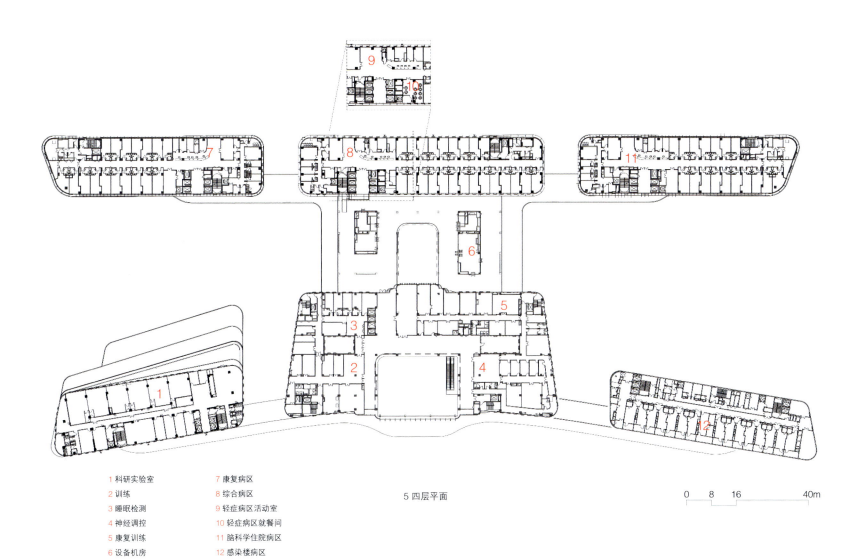

1 科研实验室	7 康复病区	
2 训练	8 综合病区	5 四层平面
3 睡眠检测	9 轻症病区活动室	
4 神经调控	10 轻症病区就餐间	
5 康复训练	11 脑科学住院病区	
6 设备机房	12 感染楼病区	

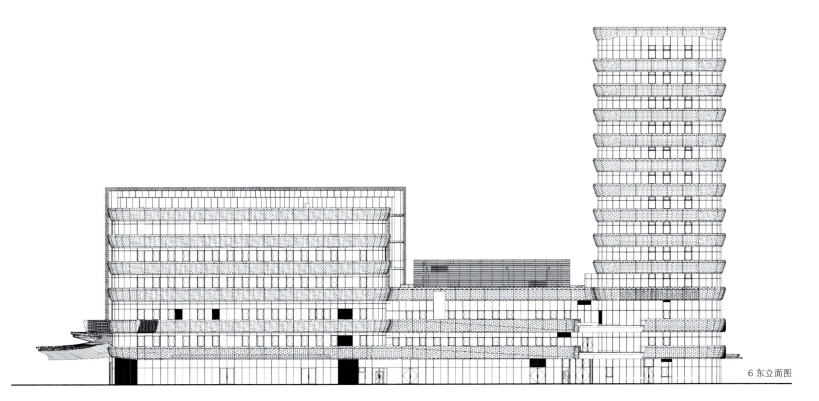

6 东立面图

7 主入口透视图

8 内庭剖面示意图

9 沿街立面透视图

02 西昌市第二人民医院
XICHANG SECOND PEOPLE'S HOSPITAL

项目地点：凉山彝族自治州西昌市
设计单位：中国建筑西南设计研究院有限公司
建设单位：西昌市第二人民医院
设计阶段：方案设计、初步设计
设计时间：2023 年 03 月
竣工时间：在建
用地面积：46158m^2
建筑面积：115002m^2
床位数：1000 床（一期 400 床）

包容·关爱
INCLUSIVENESS & CARE
疗愈之所
HAVEN FOR HEALING

1 主入口鸟瞰图

2 东侧透视图

3 南侧内庭透视图

1 门诊医技综合楼
2 精神专科住院楼
3 轻症住院楼
4 连廊
5 医养结合中心
6 老年照护中心
7 综合服务中心
8 液氧站
9 垃圾转运站
10 康复花园

4 总平面图

03 四川省精神医学中心
SICHUAN PROVINCIAL CENTER FOR MENTAL HEALTH

项目地点：四川省成都温江区
设计单位：中国建筑西南设计研究院有限公司
建设单位：四川省医学科学院、四川省人民医院
代理业主：四川省省级机关房屋统建服务中心
施工单位：EPC 联合体（中国建筑西南设计研究院有限公司、中冶建工集团有限公司四川分公司等）
设计阶段：方案设计、初步设计、施工图设计
设计时间：2018 年 06 月
竣工时间：2020 年 10 月
用地面积：63961m²
建筑面积：209950m²
床位数：500 床
实景拍摄：至锦视觉、WOHO

安全
Enhanced Security

流程再造
Reinvented Processes

1 主入口大厅

2 次主入口广场

3 主入口透视

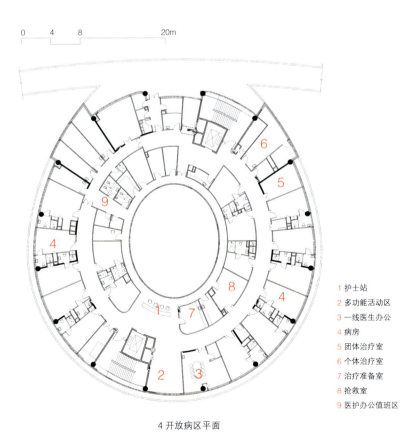

1 护士站
2 多功能活动区
3 一线医生办公
4 病房
5 团体治疗室
6 个体治疗室
7 治疗准备室
8 抢救室
9 医护办公值班区

4 开放病区平面

1 护士站
2 多功能活动区
3 强制约束病房
4 病房
5 缓冲/物品寄存
6 团体治疗室
7 个体治疗室
8 一线医生办公
9 医护办公值班区

5 封闭病区平面

04 成都市成华区第七人民医院
CHENGDU CHENGHUA DISTRICT SEVENTH PEOPLE'S HOSPITAL

项目地点：四川省成都市成华区
设计单位：中国建筑西南设计研究院有限公司
建设单位：成都锦城华创置业有限责任公司
运营医院：成华区七医院
施工单位：中国五冶集团有限责任公司
设计阶段：方案设计、初步设计、施工图设计
设计时间：2019年04月
竣工时间：在建
用地面积：12893m²
建筑面积：59486m²
床位数：600床

1 鸟瞰效果图

2 沿街透视图

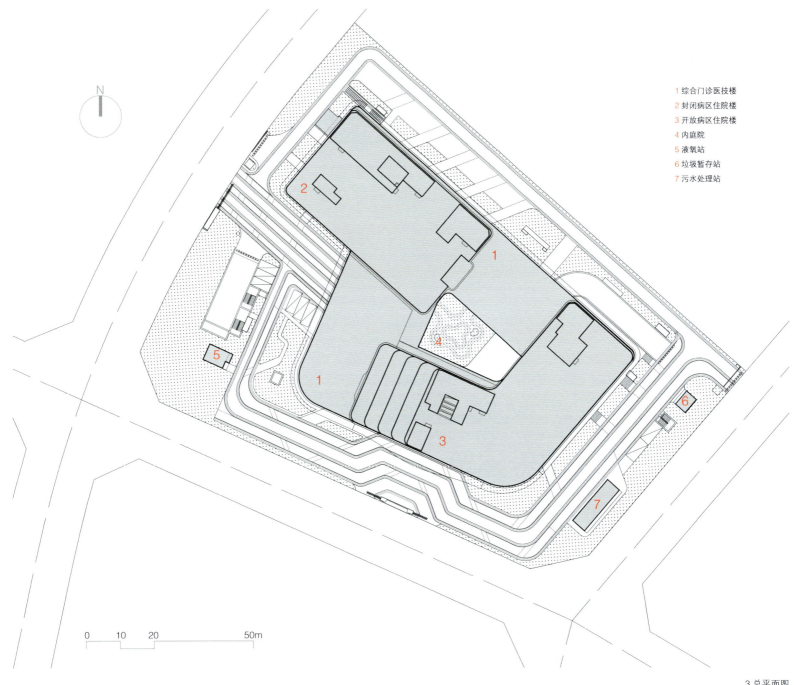

3 总平面图

绿色
LASTING GREENERY

智慧
PROFOUND WISDOM

人文关怀
HUMANISTIC CARE

7 老年康复及医养建筑设计
DESIGN FOR THE BUILDINGS OF GERIATRIC REHABILITATION & MEDICAL CARE

康复医养的"无限边界"

在现代医学体系中,预防、治疗、康复已经趋向于相互关联,医疗理念也逐渐从以治疗为中心转为以健康为中心。这种从"生物医学"向"整体医学"的转变,使得康复医学和临床医学的边界正在被打破——临床医学的终点是治愈,康复医学的终点是改善或恢复功能并重返社会,两者趋向于"临床—康复一体化"(图7-1)。

康复医疗服务群体主要包括老年人群体、术后患者群体、慢性病群体、残疾人群体、儿童康复群体、产后康复群体等。老年人群是我国康复市场第一大服务人群,约1亿老年人口有康复医疗的需求,而老年病的特殊性及长期性加剧了供需的矛盾,老年特色的医疗机构是医养深度结合的重要医疗基石,而"医养"与"康养"的融合发展是老年康复医养一体化的关键。

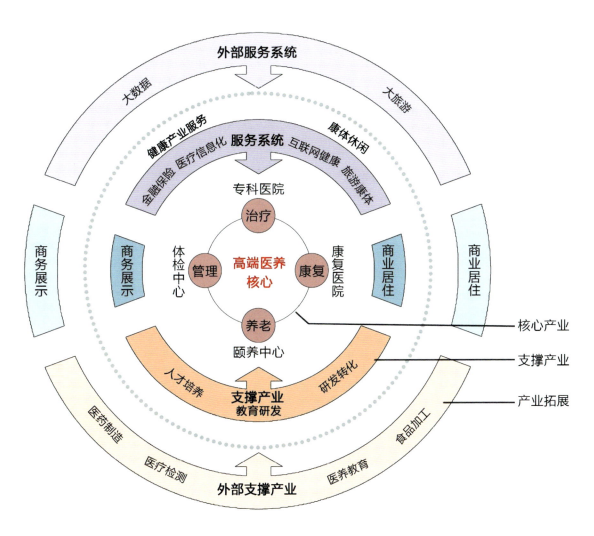

图7-1 康复医养的产业链条

7.1 需求现状

我国绝大多数养老机构为老年人提供的服务仅限于简单的生活照料、娱乐活动，偏重于"康养"部分，而诊疗、护理、康复、应急抢救等针对老年人医疗健康的"医养"服务，无论是在服务内涵、服务水平，还是服务标准层面上都有着不同程度的欠缺。这种以院舍化为主导的医养结合服务，无法满足多数老年人追求安全化、便利化、多元化养老的需求，而医疗服务水平恰恰又是老年人及其家属最为关心的内容。

7.2 核心要素

基于医疗资源与养老产业的高度融合发展的大背景，设计实践应对不同医养结合模式和服务人群，在项目中落实核心要素"医""康""养"，实现具备准确的功能定位、合理的资源配置、丰富的产品类型。

"医"包含了日常医疗保障、急重症紧急救护、临终关怀三重内涵；"康"即"康复"和"健康管理"；"养"即"照护"，包括为老年人提供基本生活照料服务、文化娱乐服务以及精神慰藉服务等。规划设计在强调"养"的同时，保障"医"的可及性，以"合"的方式对资源进行重新统筹和深度融合，保障老年人应急救治、常规诊疗，以及持续、完整、人性化的全生命周期治疗服务，使其从单一服务转向综合系统服务，让老年人能够有病诊治、慢病疗养、无病休养，实现真正意义上的老年友善和医养结合（图7-2）。

图7-2　医养核心要素分析

7.3 模式探索

从服务主体和服务对象两个不同的视角探索医养结合的模式。

服务主体的形式主要体现为三种：

第一类是养老机构增设医疗服务点：医院、医务室、康复训练室或康复中心等医疗功能。

第二类是医疗机构增设老年单元：老年病房、老年病区、安宁疗护病房等养老护理单元。

第三类是医疗机构和养老机构开展合作：由医疗机构提供或共享医疗设备，并派遣专业医务人员深入养老机构为老年人提供医疗卫生健康服务（图7-3）。

从服务对象层面来看，不同层次的人群在"养"的基础上，对"医"的依赖程度也不同。第一类是自理型人群，这一类人群对医疗功能需求并不高，只需定时体检和长期健康管理即可；第二类是半介护型人群，这类人群对基础介护和基础医疗有较大需求，在特定情况下需要获得较高等级的照顾和较多的医疗资源；第三类是全介护型人群，这类人群需要大量医疗资源维持生命与生活。

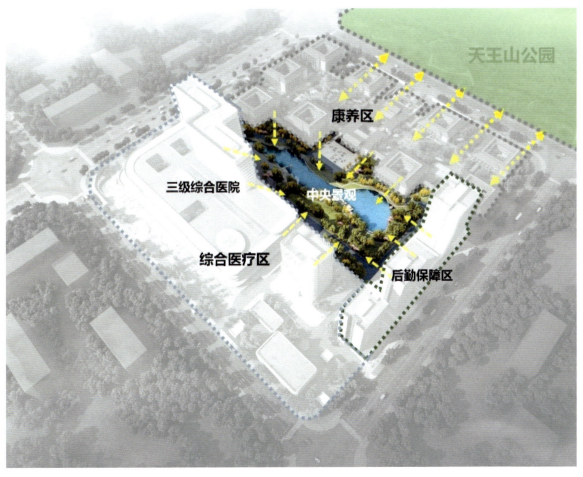

图7-3 医养结合示范

以上两种不同视角的医养结合模式分类是相互关联的：在养老机构内增设医疗服务点这种服务主体的形式比较适合第一类自理型人群；在医疗机构内增设老年病房、老年病区、安宁疗护病房等养老护理单元，比较适合第二类半介护型人群；医疗机构和养老机构开展合作，这种合二为一的模式，适合第三类全介护型人群。

7.4 边界突破

临床医学的终点是以治愈为目标，明确病因，去除病因，逆转病理和病理生理过程；康复医学是明确功能障碍，针对功能障碍采用各种措施，最终以改善或者恢复功能，重返社会为目标。学科和人群的特点需要打破医疗理念的边界，将临床与康复一体化。

在"支持和引导社会力量举办规模化、连锁化的康复医疗中心，增加辖区内提供康复医疗服务的医疗机构数量"的政策导向下，市场成熟度的发展和社会资本推动，民营康复医疗中心和护理中心也将呈现连锁化发展趋势，通过品牌塑造、流程优化、特色服务、连锁运营、技术导入等多种方式，提升核心竞争力，扩大经营规模，成为完善我国康复医疗服务体系的重要力量。

汇聚多方资源，跨界合作，结合地产、康复医疗、中医药、医疗器械等多个产业资源优势，以大型康复医院为依托，建立一系列社区康复医疗机构，打造"居家—社区—机构"无缝衔接，同时与住宅、文旅等相互融合的医养康养示范项目。

伴随移动互联网、云计算、大数据、物联网等信息化技术发展，应积极探索例如远程医疗、引入康复机器人等"智慧医疗"新模式。另外，康复医疗机构可与医疗器械厂家合作，利用可穿戴设备对老年人康复疗程和疗效进行监测，提供预警、远程康复医疗和康复咨询等服务，包括智慧慢病、健康小屋、按摩理疗机器人等，其中智慧慢病可以提供预约挂号、患者咨询、远程诊断、药品配送、用药跟踪、健康生活等一系列服务，未来可进一步与康复医疗机构相结合，探索提供更多"智慧医疗"新模式。

老年康复及医养建筑
项目目录

01 │ 四川省老年医学中心　/　196

02 │ 雅安市人民医院大兴院区（四川大学华西医院雅安医院）/　198

03 │ 四川大学华西峨眉医院　/　204

04 │ 川投西昌医院　/　214

05 │ 四川省老年医院（四川省第五人民医院金牛院区）项目一期　/　220

01 四川省老年医学中心
SICHUAN PROVINCIAL GERIATRIC MEDICAL CENTER

项目地点：四川省成都市青羊区
设计单位：中国建筑西南设计研究院有限公司
建设单位：四川省人民医院
施工单位：四川省第六建筑有限公司（一期）
　　　　　中国建筑一局有限公司西南分公司（二期）
设计阶段：方案设计、初步设计、施工图设计
设计时间：2019年09月
竣工时间：2023年一期竣工，二期在建
用地面积：31913m²
建筑面积：95451m²
床位数：500床
实景拍摄：WOHO

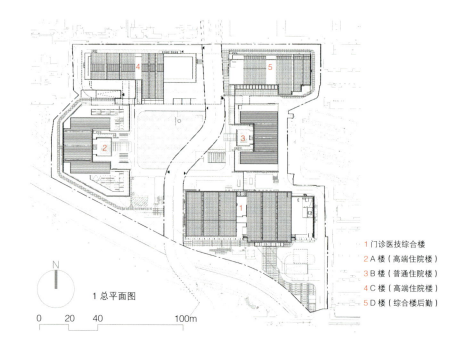

1 总平面图

1 门诊医技综合楼
2 A楼（高端住院楼）
3 B楼（普通住院楼）
4 C楼（高端住院楼）
5 D楼（综合楼后勤）

浣花溪畔，草堂侧邻
SITTING BESIDE HUANHUA STREAM AND DUFU THATCHED COTTAGE
庭院康居，治愈花园
WELLNESS COURTYARD & HEALING GARDEN

2 整体鸟瞰实景合成图

3 主入口透视实景图

4 主入口细部实景图

5 立面细节实景图

02 雅安市人民医院大兴院区（四川大学华西医院雅安医院）
YAAN PEOPLE'S HOSPITAL DAXING BRANCH (YA'AN BRANCH OF WEST CHINA HOSPITAL, SICHUAN UNIVERSITY)

项目地点：四川省雅安市雨城区
设计单位：中国建筑西南设计研究院有限公司
业主单位：雅安市人民医院
施工单位：EPC联合体（中国建筑西南设计研究院有限公司、
　　　　　四川省第六建筑有限公司（二期）、
　　　　　中国建筑第八工程局有限公司（三期）等）
设计阶段：方案设计、初步设计、施工图设计
设计时间：二期2018年12月，三期2020年08月
竣工时间：2022年（二期），2023年（三期）
用地面积：133388m²
建筑面积：331169m²
床位数：二期970床，三期500床

1 川西医养中心沿街透视

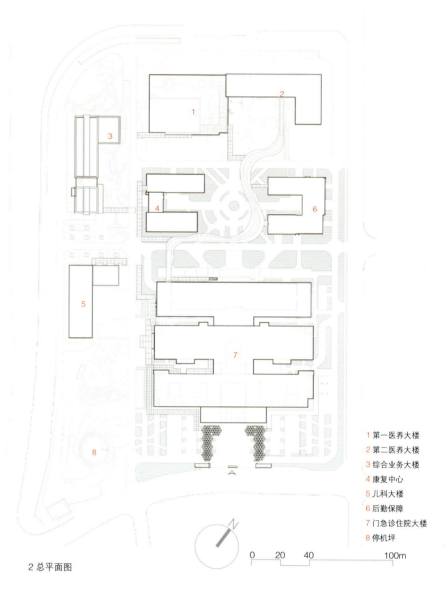

1 第一医养大楼
2 第二医养大楼
3 综合业务大楼
4 康复中心
5 儿科大楼
6 后勤保障
7 门急诊住院大楼
8 停机坪

2 总平面图

川西医养 实践样本
Model of Wellness Practices in Western Sichuan

3 整体鸟瞰

4 川西医养中心及肿瘤中心鸟瞰

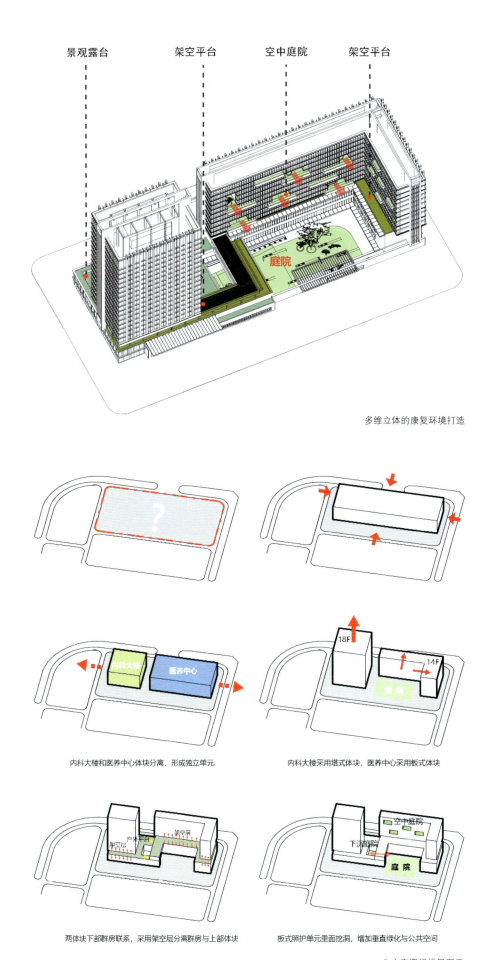

多维立体的康复环境打造

内科大楼和医养中心体块分离，形成独立单元　　内科大楼采用塔式体块，医养中心采用板式体块

两体块下部群房联系，采用架空层分离群房与上部体块　　板式照护单元里面挖洞，增加垂直绿化与公共空间

5 方案逻辑推导图示

6 川西医养中心及综合业务大楼鸟瞰

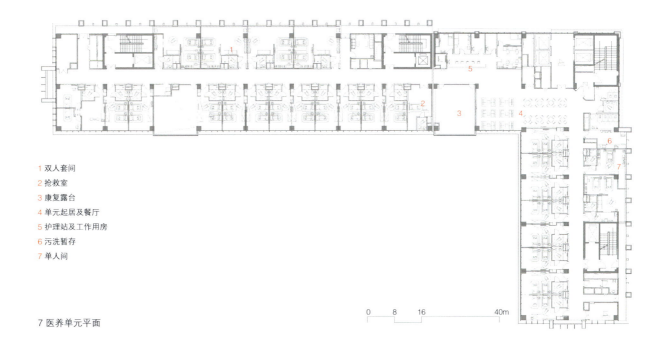

1 双人套间
2 抢救室
3 康复露台
4 单元起居及餐厅
5 护理站及工作用房
6 污洗暂存
7 单人间

7 医养单元平面

8 川西医养中心多维康复庭院

03 四川大学华西峨眉医院
WEST CHINA HOSPITAL, SICHUAN UNIVERSITY, EMEI BRANCH

项目地点：四川省峨眉山市
设计单位：中国建筑西南设计研究院有限公司
建设单位：峨眉山京川国际康养产业有限公司
运营医院：四川大学华西医院
施工单位：上海建工集团
设计阶段：方案设计、初步设计、施工图设计
设计时间：2020年09月
竣工时间：在建
用地面积：71635m²
建筑面积：155760m²
床位数：563床

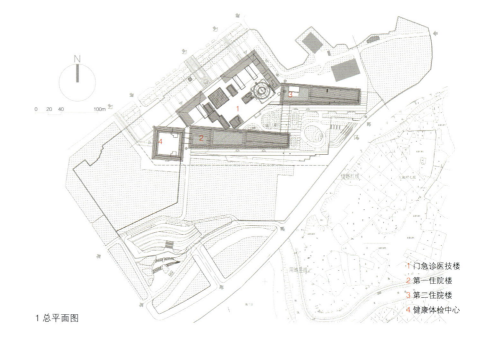

1 总平面图

1 门急诊医技楼
2 第一住院楼
3 第二住院楼
4 健康体检中心

2 日景鸟瞰

3 日景透视

4 急诊中心透视

仙山下的花园医院

GARDEN HOSPITAL ADJACENT TO MOUNT EMEI

5 夜景半鸟瞰

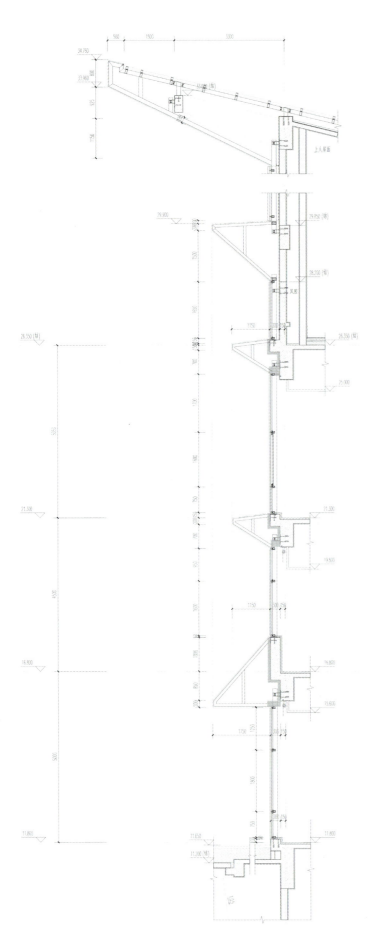

6 门诊医技综合楼墙身节点

7 日景透视

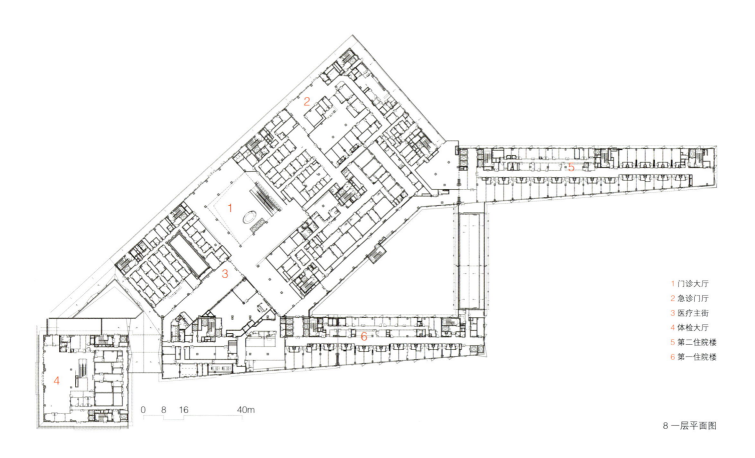

1 门诊大厅
2 急诊门厅
3 医疗主街
4 体检大厅
5 第二住院楼
6 第一住院楼

8 一层平面图

9 急诊大厅

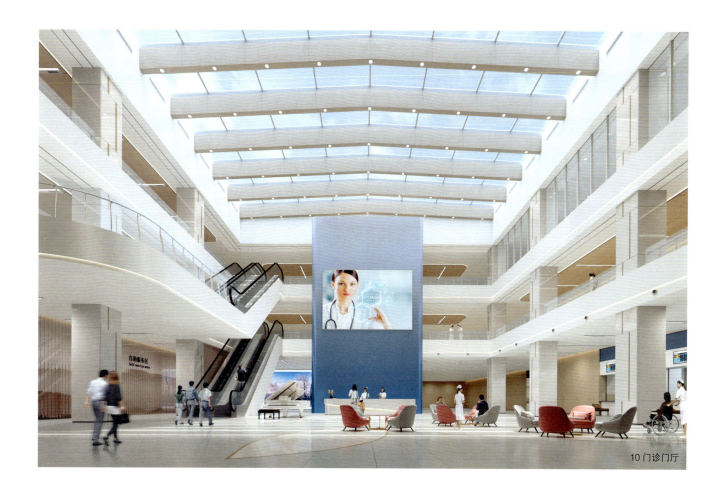

10 门诊门厅

11 住院服务大厅

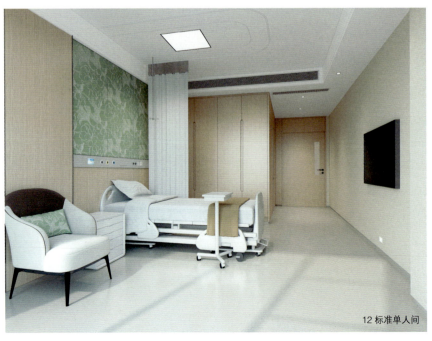

12 标准单人间

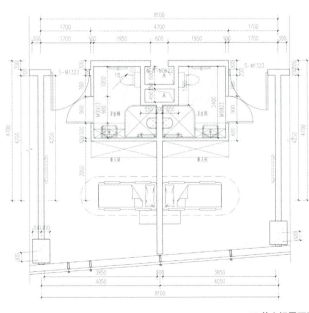

13 单人间平面图

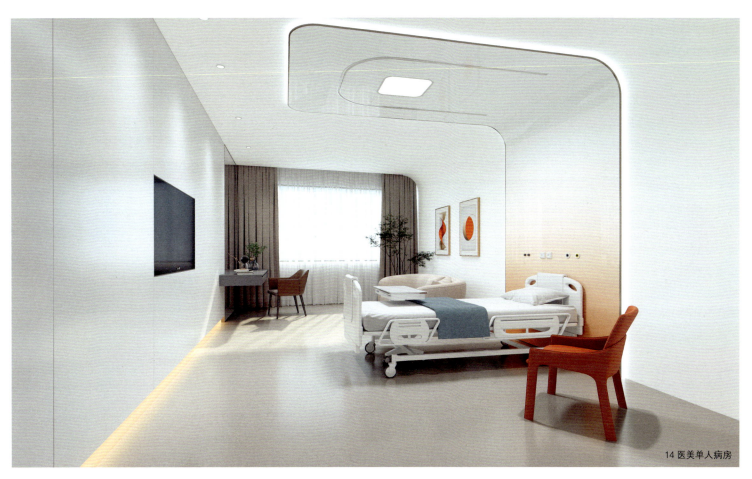

14 医美单人病房

15 医美大厅

04 川投西昌医院
XICHANG CHUAN TOU HOSPITAL

项目地点：四川省凉山彝族自治州西昌市
设计单位：中国建筑西南设计研究院有限公司
建设单位：西昌川投大健康科技有限公司
运营医院：四川省人民医院医疗集团川投西昌医院
施工单位：中国建筑一局（集团）有限公司
设计阶段：方案设计、初步设计、施工图设计
设计时间：2017年12月
竣工时间：2022年07月
用地面积：135105m²
建筑面积：337000m²
床位数：800床
实景拍摄：至锦视觉

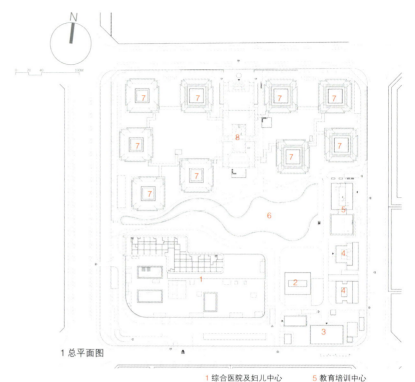

1 总平面图

1 综合医院及妇儿中心　　5 教育培训中心
2 康复中心　　　　　　　6 院内景观
3 浆洗中心　　　　　　　7 健康养生中心
4 院内生活用房　　　　　8 活动中心

2 清晨鸟瞰

3 院内环境

综合医院护航的区域级康养基地

A REGIONAL BASE OF HEALTH AND WELLNESS SUPPORTED BY A COMPREHENSIVE HOSPITAL

4 中庭大厅

5 中庭休息区

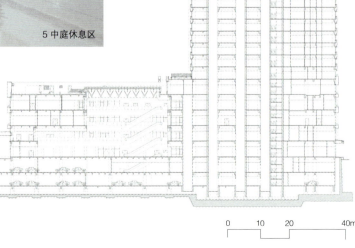

6 剖面图

7 从院内景观看主体医疗

8 标准层平面图

1 妇女儿童电梯厅
2 综合住院电梯厅
3 健康教育及休息厅
4 护士站
5 医护工作区
6 抢救室
7 VIP套间
8 普通病房
9 晾晒间
10 污物电梯厅

9 活动中心夜景鸟瞰

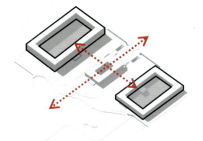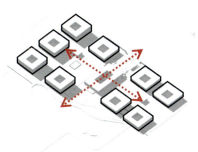

10 养生院落逻辑推导

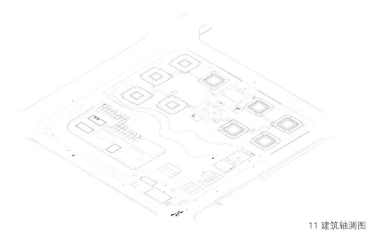

11 建筑轴测图

12 活动中心

13 入口透视

14 庭院局部

05 四川省老年医院（四川省第五人民医院金牛院区）项目一期
SICHUAN GERIATRIC HOSPITAL（SICHUAN FIFTH PEOPLE'S HOSPITAL）PHASE 1 OF THE PROJECT）

项目地点：成都市金牛区
设计单位：中国建筑西南设计研究院有限公司
业主单位：四川省第五人民医院
设计阶段：方案设计、初步设计
设计时间：2022年06月
用地面积：31671m²
建筑面积：94590m²
床位数：500床

1 夜景透视

生态绿岛
ECOLOGICAL OASIS

四季常青
EVERGREEN FLORAL DESIGNS

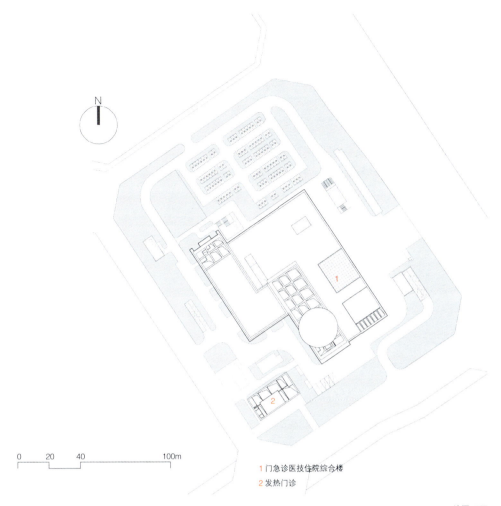

1 门急诊医技住院综合楼
2 发热门诊

2 总平面图

3 清晨鸟瞰

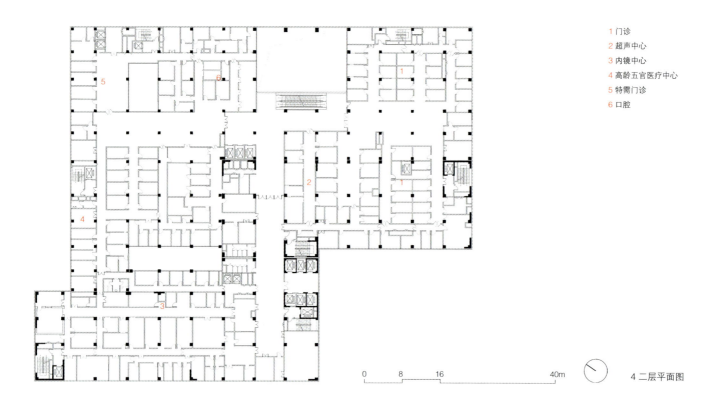

1 门诊
2 超声中心
3 内镜中心
4 高龄五官医疗中心
5 特需门诊
6 口腔

4 二层平面图

5 室内大厅

6 沿街透视

8 公共卫生建筑及应急建筑设计
DESIGN FOR THE BUILDINGS OF PUBLIC HEALTH AND EMERGENCY

公共资源与城市体系安全
——公共卫生中心、传染病医院建筑及应急建造体系

人类社会发展的历史，从某种意义上说也是一部和传染病的斗争史，每一场"战役"都对人类社会面貌带来了相当的影响。诚然，灾难无法预知，但如阿尔贝·加缪《鼠疫》中所语："*这一切里面并不存在英雄主义，这只是诚实问题。与鼠疫斗争的唯一方式，只能是诚实。*"每次惨烈的公共卫生安全灾难都在促使我们实事求是，促使我们诚实地反思现实，去思考、摸索着应对不可预知的危机。2019—2023年，"新冠"终退，城市的管理者和设计者也在同步探索着城市公共资源的合理配置方式，以及安全体系的灵活应对。

8.1 "资源规划"：国土资源防疫规划体系

作为一个复合多元的社会有机体，现代城市公共卫生安全的构建远非单一的医疗卫生体系可以涵盖决策。近年城市规划提出"韧性城市"的观点，就是为应对城市危机、保障城市安全提供新的思路，强调对未知风险的适应能力。考虑到各个城市的等级不同，县级、市级、省会特大城市等宜有不同的对策（图8-1）。

20万~50万人口区县级城市
"轻量、灵敏、网格化"

50万~100万人口地级城市
"务实、弹性、可转化"

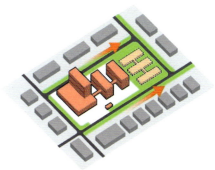
1000万人口以上中心城市
"可靠、可拓、有容量"

图8-1 不同规模等级城市的公共卫生安全体系对策

对于 20 万 ~50 万人口的县级城市，打造"小而精"的卫生服务网络覆盖，设计需轻量、灵敏。在社区、医院等区域设置独立的卫生服务网点（发热哨点、发热门诊或小型感染隔离楼），旨在监测筛查。城市层面的服务站点平时可以是小型救助站、社区服务点；医疗机构层面的感染楼平时可作为综合性传染病房楼或作为某些科室的补充床位，疫时再作为独立的隔离病区。

对于 50 万 ~100 万人口的地市级城市，构建"广而深"的可转换医疗体系，设计需务实、弹性。在当地财政可承担范围内，在上述基础上结合更高配置的传染病病房楼、或一定规模的传染病医院，将应急体系深度整合入主流综合医疗体系中，旨在后备应急收治，保证两种不同体系的顺畅衔接，综合医疗部分留有适度的应急转换准备。

对于 1000 万甚至以上人口规模的省会级城市、区域中心级城市，储备"专而强"、有较大收治容量的传染医院、公共卫生中心，并提前规划预留应急用地，设计需可靠、可拓。面对传染疾病"波峰/波谷"式的量级冲击，此类建筑作为防控救治主力军，体量规模以及整体用地应留有充分的余量；总体规模资源可弹性切分，便于实现分级防控和全域转换。

8.2 "蓄能设计"：公共卫生中心建造设计的思考

由于传染疾病的特殊性，过去传染病医院、公共卫生类建筑，常在"几无需求"和"重度紧缺"的两极摇摆：平时人人唯恐避之不及，医疗资源长期闲置，学科发展能力窘迫；然而一旦出现如 SARS、COVID-19 等突发公共卫生安全事件，已有资源配置又远不能提供足够的保护和支撑。因此，"平疫转换"的设计思路似乎自然而然在这样的情况下出现了，但在实际项目的应对中，"平疫转换"不是一个简单普适、包治百病的万金油概念，更不是几道活动分隔就实现了状态切换。"平时"和"疫时"在功能需求、系统设备等层面的巨大差异，使得两者的转换必然存在折损或浪费，设计人员在方案伊始就需要慎重考虑每个具体项目在公共卫生安全体系中到底承担了何种角色定位，是以偏向"日常效率"、以综合医疗体系为依托应对突发事件？又或是偏向"感控安全"、以传染防控体系为技术主线兼顾日常综合运营？每种选择必有利弊，绝不是一句简单笼统的"平疫转换"就可以双全。这个度的把控，正是社会医疗资源在综合医疗体系和卫生安全体系上的博弈。

每个项目在整个城市卫生安全网络中的角色决定了技术线路的选择：对于大部分常规的县市级医疗机构来说，在卫生安全防控网络中起到的是快速诊断、应急收治的作用，并无必要过于迁就特殊疫情时期的特殊应对，排斥高效简明的常规诊疗空间。在应急情况下通过强制性更衣、应急通风机组等临时空间技术的增设，可在一定程度上实现的"平－疫"应急转换；而对于更高等级、侧重于最终收治的公共卫生中心或传染病医院，安全可靠、反应快速是更有现实意义的要求，使得这类等级的项目一开始就以更注重"疫"时的情况进行考虑，减少应急时期的修建拆改量，兼顾平时运营，更接近于"疫－平"转换（图 8-2）。

无论上述哪种方式，核心在于设计方案的弹性可变，以弹性应对未知，"余量设计"，或者"蓄能设计"其实更能准备地表达出此类建筑的深层需求。打造弹性灵活、在"疫时"与"平时"能够快速切换的建筑空间。"蓄能设计"除了提供可改造的、能够满足防疫要求的物理空间外，还为应急情况下水、电、通、动、医疗气体等设备专业、专项工程预留条件或接口。

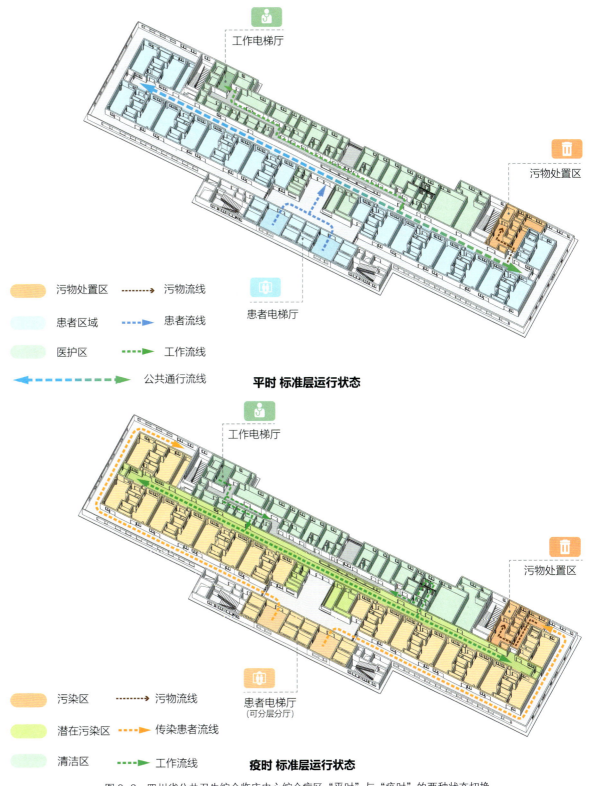

图 8-2 四川省公共卫生综合临床中心综合病区"平时"与"疫时"的两种状态切换

8.3 "模块建造"：应急建造体系的探索

面对难以预测的传染性疾病，应当考虑"波峰"时刻的极端容量冲击。面对随时可能透支的医疗防控体系，应急医院的设计和建设分秒必争。普通传染医院从立项到建成通常数年之久，特殊背景下的"应急建造"应有更快捷高效的建造方式。

以"模块化思维"重构防疫医院的功能体系。为更好、更快、更及时地设计建造防疫应急医院，在充分分析普通传染病医院基本医疗功能的基础上，对防疫应急医院功能进行系统、灵活的重组和转译，将传统传染病医院主要7项医疗功能转换为防疫应急医院的3组单元，包括基本医疗功能单元、应急指挥运行单元、应急支撑辅助单元，同时引入多功能通用单元，作为各单元的连接和共享空间（图8-3），实现灵活组合，最大限度加快建设进度，并为节省建设开支提供参考依据。

在这种快速的建造过程中，装配式模块功能单元体现出先天的优势。工业化生产的"集装箱"模块，将传统建造方式中的大量现场作业工作转移到工厂进行，在工厂加工制作好建筑构件和配件，通过现场装配安装一体化快速成型通过模数控制、通用空间和灵活组合的方式，因地制宜地满足防疫应急医院的基本需求。

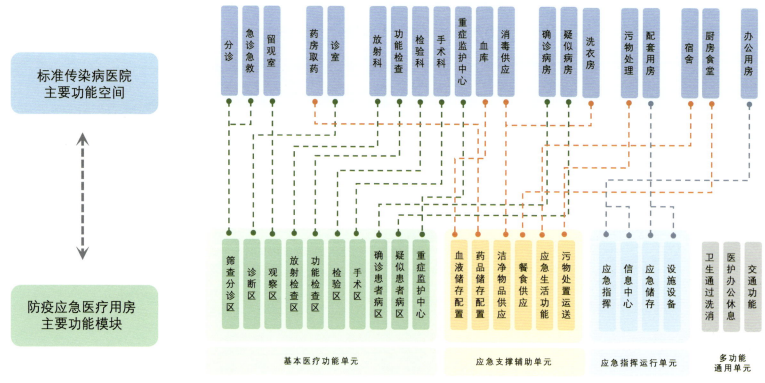

图8-3 对传染病医院功能的重组和转译

公共卫生建筑及应急建筑
项目目录

01 | 四川省公共卫生综合临床中心 / 230

02 | 贵州省疾病预防控制中心 / 236

03 | 遂宁市疾病预防控制中心及兴康医疗中心 / 240

04 | 宿迁市方舱医学观察隔离设施 / 244

01 四川省公共卫生综合临床中心
SICHUAN PROVINCIAL PUBLIC HEALTH COMPREHENSIVE CLINICAL CENTER

项目地点：四川省成都市双流区
设计单位：中国建筑西南设计研究院有限公司
建设单位：四川省疾病预防控制中心
代理业主：四川省省级机关房屋建设中心
运营医院：四川大学华西医院
施工单位：EPC联合体（中国建筑西南设计研究院有限公司、中国华西企业股份有限公司第十二建筑工程公司 等）
设计阶段：方案设计、初步设计、施工图设计
设计时间：2020年10月
竣工时间：在建
用地面积：143385m^2
建筑面积：191100m^2
床位数：1000床

1 全院整体鸟瞰

"治·防·研·教·培·展"
体系全覆盖的现代公共卫生中心
Treatment, Prevention, Research, Education, Training and Exhibition All-encompassing Modern Public Health Center

2 传染病诊疗区入口透视

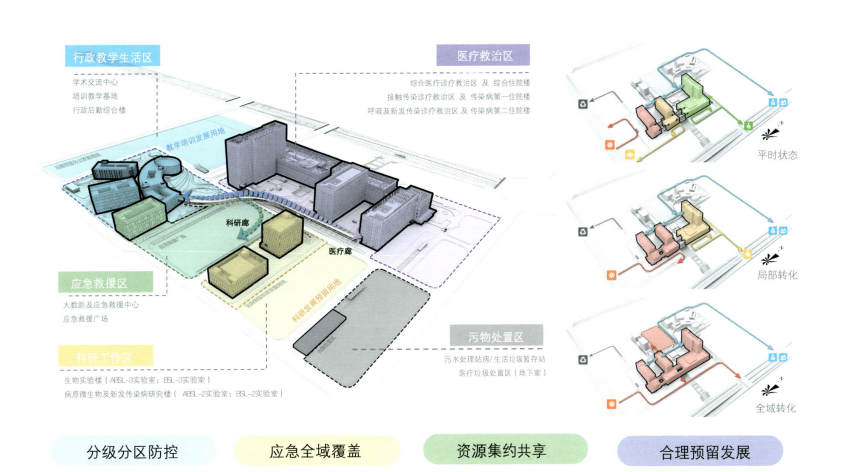

3 建筑生成逻辑

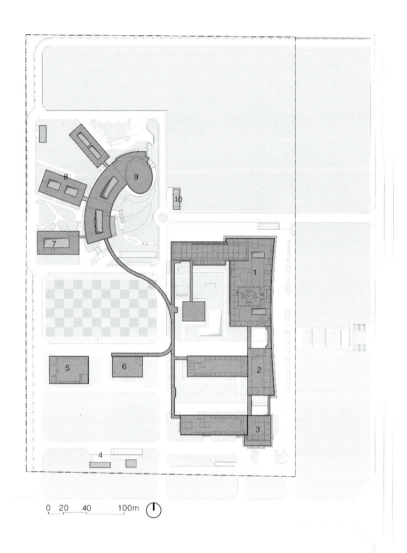

4 总平面图

1 综合诊疗救治区及综合住院楼
2 接触传染区及传染病第一住院楼
3 呼吸传染区及传染病第二住院楼
4 污水处理站及生活垃圾站房
5 生物实验楼
6 病原微生物及新发传染病研究楼
7 应急救援基地
8 后勤综合楼
9 学术报告中心
10 液氧站

5 景观入口鸟瞰效果

1 幕墙—雨篷连接节点
2 铝板连接节点
3 铝板横断面构造
4 铝板—楼板连接

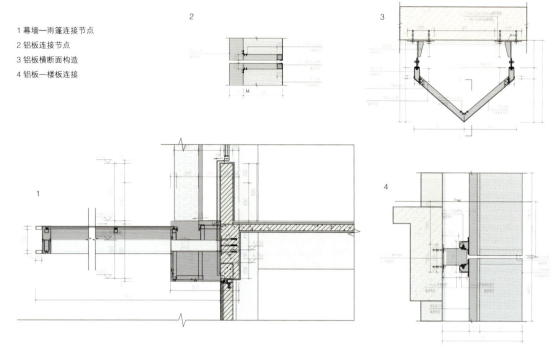

6 穿孔铝板幕墙节点

8 景观入口正立面透视

7 地域性元素的提取与转译——蜀山

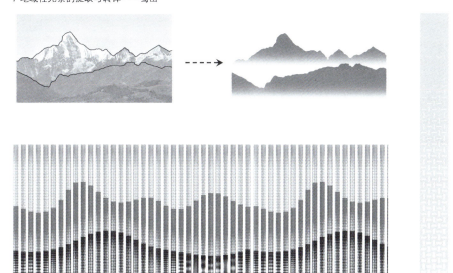

02 贵州省疾病预防控制中心
GUIZHOU CENTER FOR DISEASE CONTROL AND PREVENTION

项目地点：贵州省贵阳市云岩区
设计单位：中国建筑西南设计研究院有限公司
建设单位：贵州省疾病预防控制中心
施工单位：贵州建工集团第五建筑工程有限公司
设计阶段：方案设计、初步设计、施工图设计
设计时间：2019 年 07 月
竣工时间：2022 年 07 月
用地面积：19352m²
建筑面积：35955m²
实景拍摄：中国建筑西南设计研究院有限公司

1 主要车行出入口透视

生长于山谷间的
实验科创高地
NURTURED IN THE VALLEYS
A HUB OF MEDICAL SCIENCE AND
INNOVATION

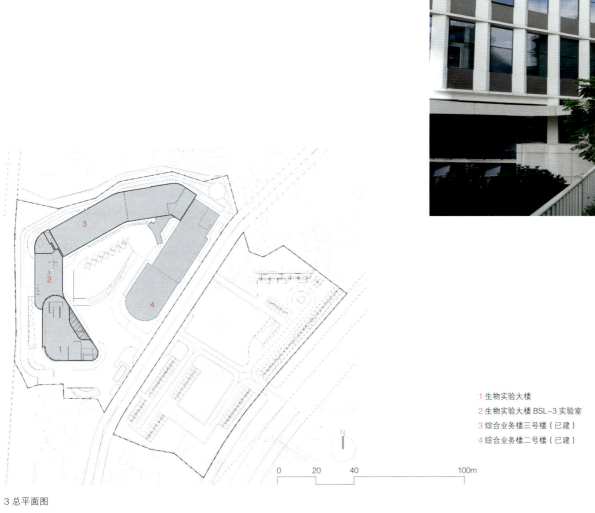

2 布局透视效果

1 生物实验大楼
2 生物实验大楼BSL-3实验室
3 综合业务楼三号楼（已建）
4 综合业务楼二号楼（已建）

3 总平面图

4 生物实验大楼入口

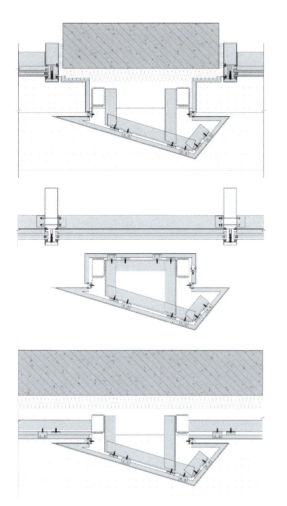

5 幕墙立面节点大样

6 生物实验大楼立面一

7 生物实验大楼立面二

03 遂宁市疾病预防控制中心及兴康医疗中心
SUINING DISEASE CONTROL AND PREVENTION CENTER & XINGKANG MEDICAL CENTER

项目地点：四川省遂宁市船山区
设计单位：中国建筑西南设计研究院有限公司
建设单位：遂宁市兴康立实业有限公司
运营单位：遂宁市疾病预防控制中心，遂宁市中心医院，遂宁市第三人民医院
设计阶段：方案设计、初步设计
设计时间：2020年10月
用地面积：111333m²
建筑面积：132000m²
床位数：800床

1 主入口正立面透视

清风祛霾

净水呈莲

TRANQUIL AMBIANCE

BRINGS RENEWAL AND REJUVENATION

1 综合诊疗楼
2 接触传染诊疗楼
3 呼吸传染诊疗楼
4 停车场
5 污物暂存处置
6 中心绿地
7 行政后勤楼
8 疾控中心实验楼
9 疾控中心业务楼
10 疾控中心实验楼

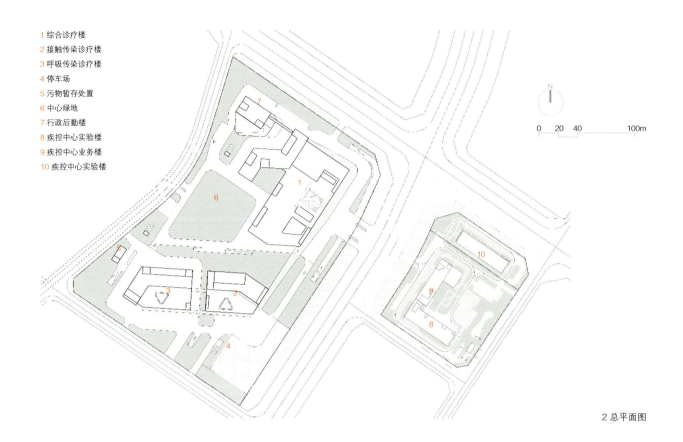

2 总平面图

3 鸟瞰效果

4 立面幕墙

5 大厅效果

6 内庭透视

04 宿迁市方舱医学观察隔离设施
PROVINCIAL PUBLIC HEALTH COMPREHENSIVE CLINICAL CENTER

项目地点：江苏省宿迁市宿豫区
设计单位：中国建筑西南设计研究院有限公司
业主单位：宿迁城市建设投资（集团）有限公司
施工单位：中建科工集团江苏有限公司；江苏宿拓建设工程有限公司
设计时间：2022年04月
竣工时间：2022年04月
改造建筑面积：21000m²
床位数：1000床
实景拍摄：中国建筑西南设计研究院有限公司

城市应急庇护之地
EMERGENCY AND DISASTER SHELTER

1 患者公共走道

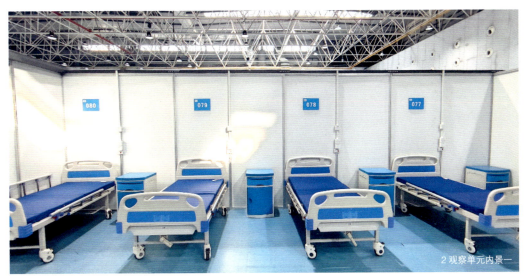

2 观察单元内景一

3 观察单元内景二

1 护士工作站
2 观察床单元区域
3 强制性卫生通过
4 医护休息区
5 卫浴洗漱间

4 布局平面图

9 转化医学建筑设计
DESIGN FOR THE BUILDINGS OF TRANSLATIONAL MEDICINE

转化医学
——医疗进步的原动力

基础医学（Basic Medical Sciences，BMS）是医学发展进步的基石。基础医学支撑着新技术、新方法的研发，而转化医学让基础医学研究转化应用到临床诊疗技术当中，为医院进步提供原动力。医院是医学技术应用的前线，医院的发展变迁是科技和社会进步的表层反应。基础医学的每一次重大突破都会给医院空间规划带来明显的迭代变化。从南丁格尔式到集约式再到如今城市医疗科研综合体式的医院布局无不是基础医学和社会科学交织的结果。转化医学是连接基础医学研究和临床诊疗应用的一种创新模式和思维方式，其核心是通过建立生物医学基础研究和临床医学、预防医学之间的有效联系，将生物医学基础研究成果快速、高效地转化为临床治疗或预防技术。转化医学是建立"B2B"（Bench to Bedside，从实验台到病床；Bedside to Bench，从病床到实验台）的快速转化通道，能及时把生物医学基础研究成果转化为临床疾病诊治技术及公共卫生预防技术，从根本上转变基础研究与临床研究之间的脱节状况，缩短研究周期，促进基础科学研究成果的转化应用。

从"十二五"开始，我国布局了的16项重大科技基础设施，其中之一是转化医学，分别依托上海交通大学瑞金医院、北京协和医院、中国人民解放军总医院、空军军医大学和四川大学华西医院，建设内容和研究方向各有侧重的5个国家级转化医学国家科技基础设施。随着这5个项目逐步实施，转化医学已经从国家引导转向地方和医院自发推进，各个区域和地市级的转化医学中心也如雨后春笋般兴起。

9.1 转化医学不同阶段的空间特质

医院空间总是需要体现医学科学技术的特质。按照转化医学的特质，可以分为两大阶段，分别是从分子细胞到动物和从动物到人体（图9-1）。其中从分子细胞到动物的空间形态倾向于基础实验的技术平台和动物实验的技术平台，空间特质类似于院校建筑和科研建筑。而从动物到人体的过程以临床实验为主，有受试者参与，空间特质更接近医院，宜设置在与病房区、医技平台沟通交流便利的区域。

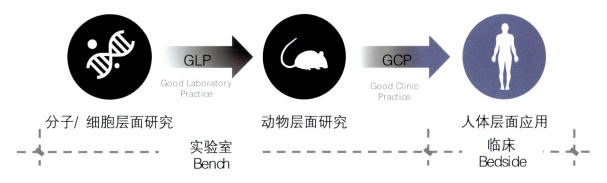

图9-1 转化医学的两大阶段

转化医学的临床评价（GCP）也有四个阶段，分别为研究成果向人的转化、研究成果向患者的转化、研究成果向医学实践的转化、研究成果向普通人群转化。可以将以上四阶段分为Ⅰ、Ⅱ、Ⅲ、Ⅳ期临床实验，其中Ⅰ期实验健康人居多，对过程中人性化服务、舒适度要求较高，参与人数一般在20~30例健康人或患者；Ⅱ、Ⅲ期受试者为患者，类似病房布局，根据对照组等实验要求，各类病房配置齐全更为合理，区别在于Ⅱ期一般参与患者100例，Ⅲ期一般参与患者200~300例。这也是如今多数医院选择建设200~300张转化医学床位的主要原因。Ⅳ期是治疗方式上市应用后的监测过程，是在社会中开放型的实验过程，不需要特别空间（图9-2）。

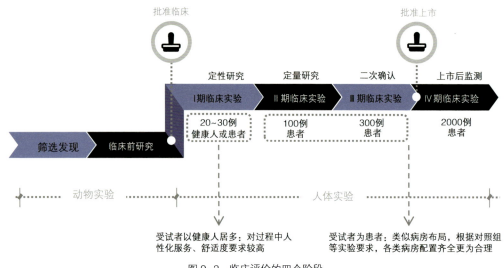

图9-2 临床评价的四个阶段

9.2 转化医学为核心纽带形成的医疗产业院区

转化医学是连接基础实验与临床应用的纽带，是医疗产业链中至关重要的过程和阶段。在不同的项目定位下，以转化医学不同阶段为重点建设内容的项目，转化医学研究在医疗产业链中不同的阶段目标要求呈现出不同的建筑空间形态和院区模式。例如与临床更为紧密的临床评价常常规划在医院的业务院区内，采用分楼栋或分层的方式成为医院临床科室中特殊的一类，院区模式与综合医院类似。而有些与研发实验、动物实验和中试车间等相关的转化医学则会选择布置在医疗机构的科研院区或者相关企业的产业园内，形成科研生产的建筑集群。但无论哪种方式，无论建设内容是处于医疗产业链的上游或下游，转化医学都是作为医疗产业院区的核心。

9.3 转化医学未来发展可能

随着基础医学发展、科技进步，前沿科研成果快速应用到临床是发展趋势，转化医学的全过程集约化是未来可能的发展模式之一。转化医学从基础实验→临床评价→量产应用的全产业过程将更为集中，形成以转化医学全过程为主导的综合医疗集群或院区。在这种医疗集群或院区中，包含基础研发实验室、动物实验室、临床评价、医技检查、研发车间、生产车间等一系列转化医学体系功能，形成城市科研综合体、城市科研社区，乃至形成以转化医学为核心的研究型国家医学中心。

转化医学建筑
项目目录

01	四川大学华西医院转化医学综合楼 / 250
02	江西省转化医学研究院 / 256
03	中山大学附属第五医院珠澳转化医学中心及珠澳转化医学研究院 / 262
04	天府国际医疗中心共享医学中心 / 268

01 四川大学华西医院转化医学综合楼
WEST CHINA HOSPITAL SICHUAN UNIVERSITY NATIONAL FACILITY FOR TRANSLATIONAL MEDICINE（SICHUAN）

项目地点：四川省成都市武侯区
设计单位：中国建筑西南设计研究院有限公司
建设单位：四川大学华西医院
施工单位：中国建筑第八工程局有限公司
设计阶段：方案设计、初步设计、施工图设计
设计时间：2016 年 09 月
竣工时间：2019 年 12 月
用地面积：9324m²
建筑面积：50220m²
床位数：200 张研究型病床
实景拍摄：WOHO

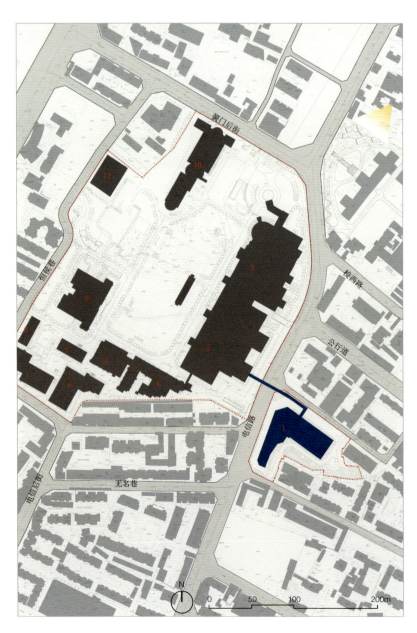

1 总平面图

2 嵌入在城市空间肌理中的转化医学综合楼项目与华西医院主院区的整体鸟瞰实景图

首批国家级转化医学中心
NATIONAL CENTER FOR TRANSLATIONAL MEDICINE (1ST BATCH)

3 从电信路上鸟瞰转化医学综合楼与华西院区

4 电信路边上的转化医学综合楼

5 研究型病区的平面图

1 资料室
2 监控室
3 PI办公室
4 受试者电梯厅
5 受试者接待室
6 治疗室
7 样本间
8 值班室
9 治疗准备室
10 抢救室
11 研究型病房
12 吸入药物评价中心
13 污物间
14 洁净物品货梯
15 工作人员电梯
16 污物电梯
17 受试者活动区

6 研究型病区受试者活动区效果图

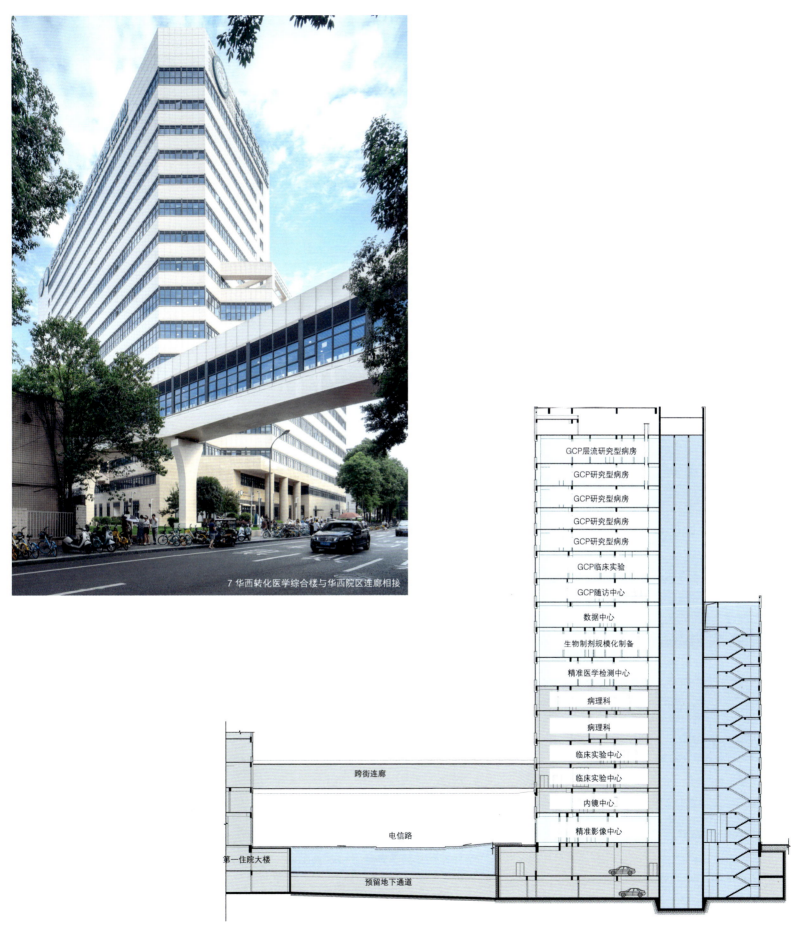

7 华西转化医学综合楼与华西院区连廊相接

8 转化医学综合楼与主院区通过连廊和预留地下通道相连

02 江西省转化医学研究院
JIANGXI INSTITUTE OF TRANSLATIONAL MEDICINE

项目地点：江西省赣江新区
设计单位：中国建筑西南设计研究院有限公司
建设单位：江西南附项目管理有限公司
施工单位：EPC 联合体（上海建工二建集团有限公司 / 中国建筑西南设计研究院有限公司等）
设计阶段：方案设计、初步设计、施工图设计
设计时间：2022 年 08 月
竣工时间：在建
用地面积：90348m²
建筑面积：317044m²

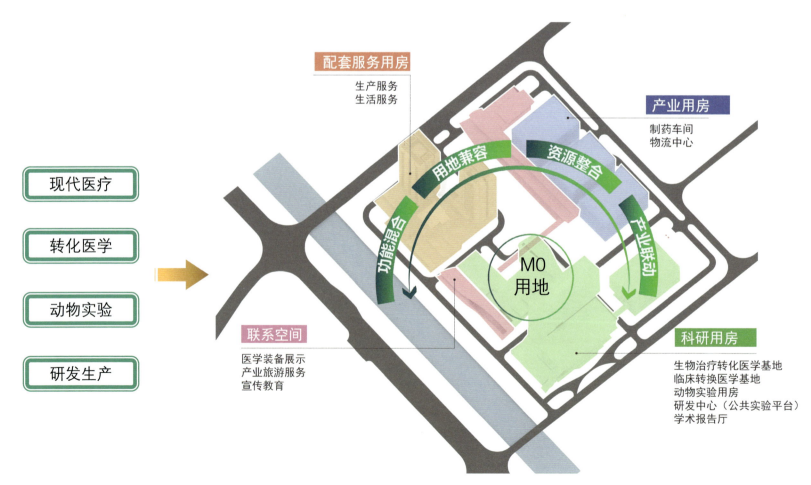

1 功能混合、用地兼容是城市发展的新趋势，未来必将推动资源整合、产业联动下的医疗领域产业发展出现新的增长极

2 南侧清晨鸟瞰效果图

城市绿洲 百草层叠

CITY OASIS WITH CASCADING GREENERY

生命纽带 织古筑新

HERITAGE OF LIFE ACROSS TIME

3 西北角夜景鸟瞰效果图

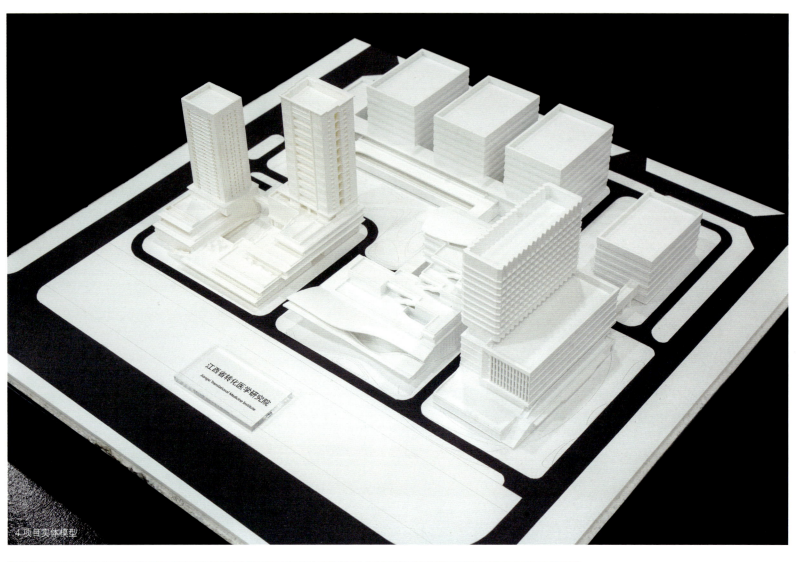

4 项目实体模型

5 木构"织古筑新"展现建筑滨河形象

6 木结构主入口效果图

03 中山大学附属第五医院
珠澳转化医学中心
及珠澳转化医学研究院

THE FIFTH AFFILIATED HOSPITAL SUN YAT-SEN UNIVERSITY
ZHUHAI-MACAO TRANSLATIONAL MEDICINE CENTER
AND TRANSLATIONAL MEDICINE RESEARCH INSTITUTE

项目地点：广东省珠海市香洲区
设计单位：中国建筑西南设计研究院有限公司
建设单位：珠海市公共工程建设中心
运营医院：中山大学附属第五医院
设计阶段：方案设计、初步设计、施工图设计
设计时间：2022 年 07 月 ~2023 年 07 月
基底面积：5481m²
建筑面积：102324m²
床位数：1000 床（含 300 张研究型病床）

粤港澳大湾区西岸
WEST COAST OF GUANGDONG-HONG KONG-MACAO
GREATER BAY AREA
国家级区域（珠澳）医学中心
NATIONAL MEDICAL CENTER（ZHUHAI-MACAU）

1 项目鸟瞰效果图

2 院区整体规划鸟瞰效果图

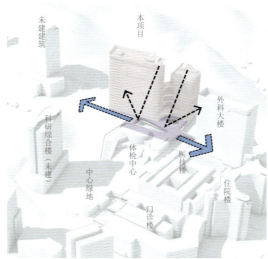

遮蔽空间

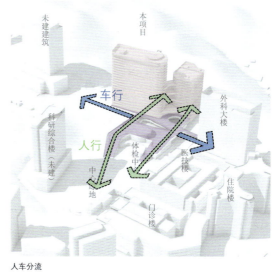

人车分流

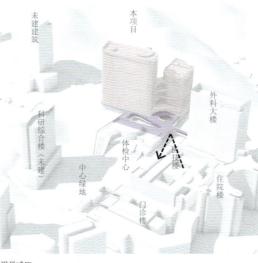

视觉减压

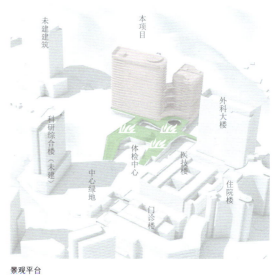

景观平台

3 项目对院区局部环境的融合与提升

4 三层平台人视效果图

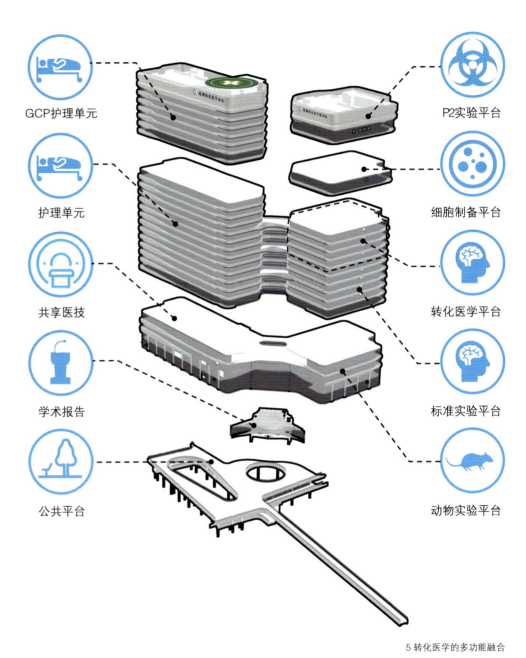

GCP护理单元　　P2实验平台
护理单元　　细胞制备平台
共享医技　　转化医学平台
学术报告　　标准实验平台
公共平台　　动物实验平台

5 转化医学的多功能融合

04 天府国际医疗中心共享医学中心
MEDICAL SHARED HUB OF TIANFU INTERNATIONAL MEDICAL CENTER

项目地点：四川省成都市双流区
设计单位：中国建筑西南设计研究院有限公司
建设单位：成都生物城建设有限公司
设计阶段：方案设计、初步设计、施工图设计
设计时间：2023年01月
用地面积：37569m²
建筑面积：115758m²
床位数：150床研究型病床

1 人视点透视

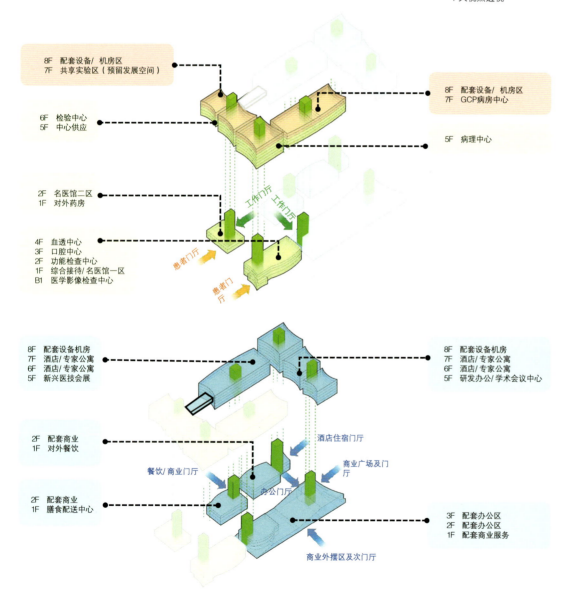

2 功能复合的共享医学中心

矩阵模型
MATRIX MODEL
未来医疗园区
MEDICAL HUB OF THE FUTURE

3 夜景鸟瞰

4 生物城南路鸟瞰

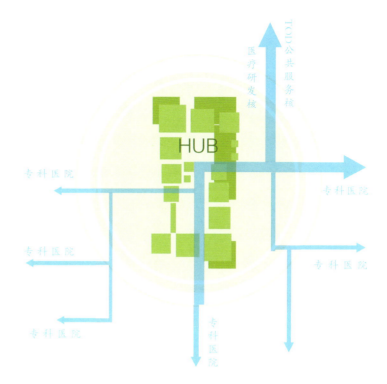

5 国际医疗中心片区"枢纽"

6 沿街透视

7 共享庭院透视

10 国家紧急医学救援及大急救体系建筑设计
DESIGN FOR THE BUILDINGS OF NATIONAL EMERGENCY MEDICAL RESCUE SYSTEM

紧急医学救援的体系强化和资源融合

我国幅员辽阔、人口众多、自然地理环境复杂，是世界上地震、泥石流等自然灾害和生产安全事故发生频次高、带来损失大、生命健康受威胁严重的国家之一。随着经济发展、体制改革、社会转型等进程的加快，公共安全形势日益严峻复杂，各类突发事件对公众健康和生命安全造成严重威胁，危及社会经济持续稳定发展。为完善我国紧急医学救援体系，更好承担紧急医学救援任务，我国应急管理部在 2022 年印发《"十四五"应急救援力量建设规划》，提出两点建设要求，包括国家和区域应急救援中心和省级综合性应急救援基地。

10.1 紧急医学救援的体系强化

紧急医学救援的体系强化主要思路是以一家综合实力强，紧急医学救援能力技术水平高的公立医院为基础，整合现有自然灾害、生产安全事故应急救援队伍等资源，建设完善的省级或国家级综合性应急救援基地。这种体系组合方式优点明显，综合实力强的公立医院一般具有完善且较强的综合诊疗能力，有了医疗保障再加上指挥调度系统，重症医学系统，院前洗消系统，急诊急救系统等一系列紧急医学救援相关的体系强化，可以让急救效率更高，同时有利于急救队伍的建设和城市紧急医学救援的统筹调度（图 10-1）。

图 10-1　紧急医学救援图示

在紧急医学救援的体系强化中同时还针对不同地区突发事件的不同类型而有所侧重，如浙江、三亚等地区有针对海上救援的基地，四川则更多考虑地震多发的特征，每个省份结合总体的要求和本地的特殊情况来加强紧急医学救援基地的建设。

10.2 紧急医学救援的资源融合

紧急医学救援的设计应注重多维度救援的融合。在突发应急事件或公共卫生事情发生的时候，需要协同海、陆、空、三防甚至深海、太空等多种有利资源（图10-2）。在院前急救广场、航空医疗救援停机坪，甚至医疗急救港口等设计中要充分考虑不同资源的统一调配以及与重点科室的接驳关系，转运路径，确保救援多维度的救援资源相互融合，形成三维立体的救援体系。

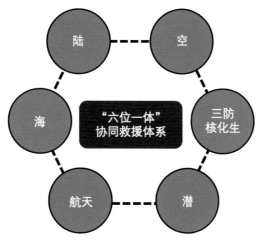

图 10-2 "六位一体"协同救援体系

平急资源的兼顾和平衡才能保证紧急医学救援的可持续发展。紧急医学救援需要应对的是重大的自然灾害或事故，需要在短时间内应对巨大的医学救援任务，这与普通急诊有着明显的区别。这种区别体现在空间条件上就是急时空间不足，平时闲置浪费。因此在紧急医学救援体系的建设中应该充分考虑对应空间环境的功能转换，在平时将这些闲置空间利用起来，同时又能在短时间内转为医疗救援使用，达到资源的平衡和兼顾。

数字信息化的资源融合能有效加强紧急医学救援的调配能力。在紧急救援中，需要建设形成统一指挥、功能完备、响应迅速、协同高效、处置有力的紧急医学救援信息化系统，融入数字信息化资源，包括有效整合城市120急救指挥调度系统，提高公共卫生突发事件的急救医疗资源响应和调度能力，增强紧急医学救援的引领和统筹能力。

国家紧急医学救援及大急救体系建筑
项目目录

01 | 四川大学华西医院锦江院区二期　/　276

02 | "大三亚" 120 急救体系建设项目　/　282

01 四川大学华西医院锦江院区二期
WEST CHINA HOSPITAL SICHUAN UNIVERSITY JINJIANG BRANCH SECOND PHASE PROJECT

项目地点：四川省成都市锦江区
设计单位：中国建筑西南设计研究院有限公司
建设单位：四川大学华西医院
设计阶段：方案设计、初步设计、施工图设计
设计时间：2023年03月
用地面积：33300m²
建筑面积：109000m²
床位数：总1300床，本期300床

1 城市主干道透视效果图

全国首批国家紧急医学救援基地
ONE OF CHINA'S FIRST EMERGENCY MEDICAL RESCUE CENTERS

2 鸟瞰效果图

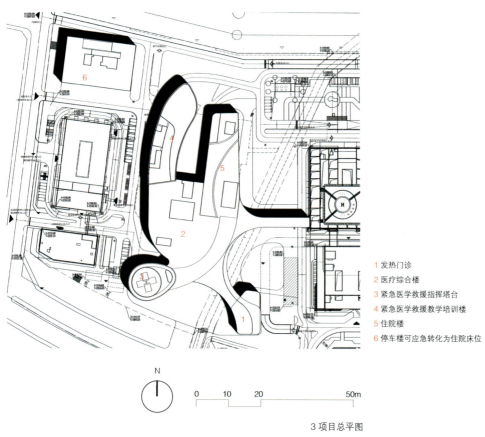

1 发热门诊
2 医疗综合楼
3 紧急医学救援指挥塔台
4 紧急医学救援教学培训楼
5 住院楼
6 停车楼可应急转化为住院床位

3 项目总平图

4 实景嵌入效果图

5 黄昏鸟瞰图

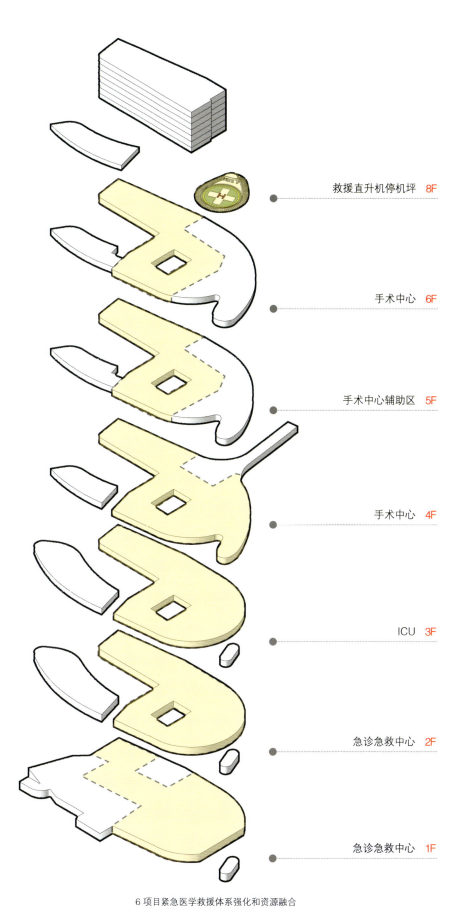

- 救援直升机停机坪 8F
- 手术中心 6F
- 手术中心辅助区 5F
- 手术中心 4F
- ICU 3F
- 急诊急救中心 2F
- 急诊急救中心 1F

6 项目紧急医学救援体系强化和资源融合

02 "大三亚" 120 急救体系建设项目
"GREATER SANYA AREA" 120 EMERGENCY SYSTEM CONSTRUCTION PROJECT

项目地点：海南省三亚市海棠湾国家海岸休闲园区
设计单位：中国建筑西南设计研究院有限公司
建设单位：三亚市卫生健康委员会
运营医院：中国人民解放军总医院海南医院
设计阶段：方案设计、初步设计
设计时间：2023 年 06 月
用地面积：77032m²
建筑面积：93996m²
床位数：276 床

1 夜景鸟瞰

"六位一体"协同救援体系
"SIX-IN-ONE" COLLABORATIVE RESCUE SYSTEM

2 院区急救广场效果图

3 急救指挥调度大厅效果图

4. 紧急医学救援"生命坡道"

11 既有医院建筑改造设计
DESIGN FOR THE RENOVATION OF EXISTING HOSPITAL BUILDINGS

医院的"再生"
——既有建筑改造的挑战

医院因其本身的功能属性,基于城市安全和城市功能的角度,对城市的整体秩序有很大的影响。既有建筑改造为医院,对城市功能或区域功能有很大的变动影响,这个变动涉及城市各方面秩序的变化。因此对应不同类型的城市既有建筑改造医院设计,理清工作界面,采取不同的方式和侧重点应对,对既有建筑改造相关的医疗建设工作尤为重要。

11.1 既有医院的功能提升

对于既有医疗建筑内部功能提升,其工作界面属于医疗专项技术应对,对城市功能影响较小。例如手术室的改造、病房的装饰更新等,需对内部空间及水电设施等进行改造。此类改造均是从技术、规范、医疗流程层面来对应解决。这部分工作重点和关注对象是技术本身和医疗功能,关注安全性的逻辑和医疗流程的效率问题。但与城市也有一定关联,比如医疗功能、供应量的增加,从而带来物流、人流流线的变化等,进而对城市交通或周边区域产生影响(图 11-1)。

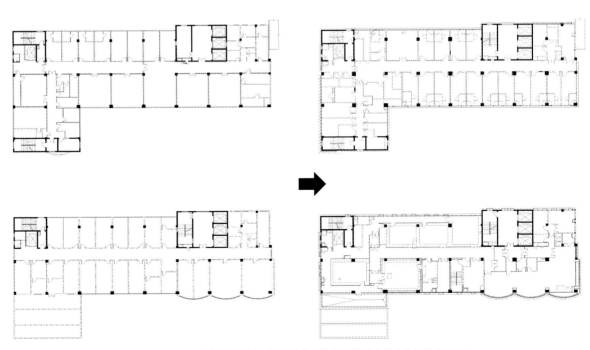

图 11-1 四川大学华西第二医院诊疗环境改造项目南楼功能提升平面图

11.2 城市中既有医院院区的改扩建

对于既有医院院区的改扩建，主要涉及两个部分。一是医院的医疗流程体系再造，即提升原有的流程体系，改善原有体系不合理的地方，包括医疗流程本身、后勤（污水、医疗垃圾）以及对应的改造，这与城市安全性问题、场地问题相关。二是医疗环境的提升，医疗的整体环境包括景观、交通、人性化对应环境，这些都和城市环境密切相关。这类改扩建项目，需从医疗院区周边的城市区域整体考虑。这种改造是对整个区域交通功能、城市安全性功能以及城市区域景观、城市风貌等一系列问题的综合考虑（图 11-2、图 11-3）。

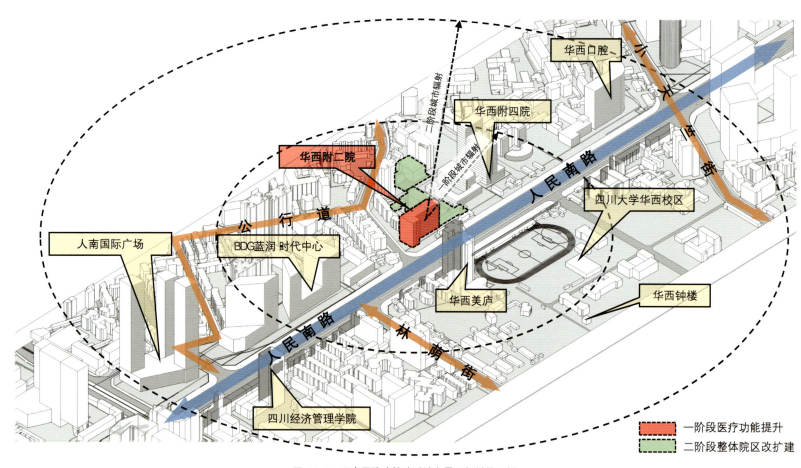

图 11-2　既有医院改扩建对城市界面辐射的更新

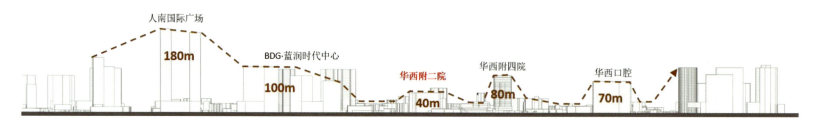

图 11-3　既有医院改扩建与城市空间界面

11.3 产城更新下的大健康产业发展重构

产城更新指的是城市环境和城市功能共同更新的体系,这个体系的一部分是和大健康产业关联。而城市的大健康产业,涵盖了医院及产业对应的更大的城市功能范围。产城更新下大健康产业的互动发展,是未来的发展模式之一。为了应对这一发展趋势,设计对于工作界面和关键点的思考需有更大的格局意识。

一是设计可基于强有力的技术背景,整合支撑在产城互动环节里的医疗功能逻辑。医疗作为城市核心的功能逻辑,是驱动产业互动的基本支撑。例如片区规划的"康养",缺少医疗资源的支撑则无法做到体系的完整。

二是面对未来城市构架突破性的变化,设计需要更为广度、更为全面的技术应对。例如原有的老城区,需修建规模相对较大的大健康产业,包括老年医学、体检中心、第三方检测机构的商业体系,甚至附加更多的医疗研发体系等,即需设计对整个城市交通、用地强度指标、城市风貌和城市人群全面分析应对,对所有城市关联内容做出对应性的秩序重组。

三是关注产业互动下的城市安全体系。大健康产业的发展和变化,对城市的安全体系提出了更高层面的梳理和应对要求。比如一个生化实验室在城市区域中出现,需相应有前置的城市安全体系来保证它的安全性,而设计对应的工作逻辑也需有突破,从更高层面来审视整个产业更新互动关系,以及城市安全和城市秩序(图 11-4)。

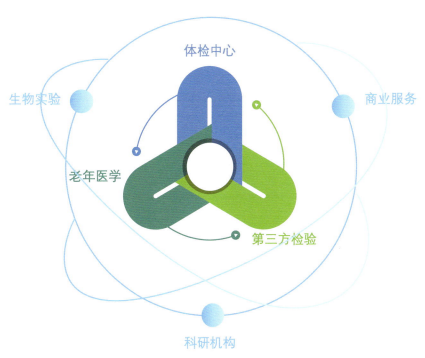

图 11-4 大健康产业下医疗形态的多样化组合模式

既有医院建筑改造项目目录

01 | 四川大学华西第二医院诊疗环境改造 / 292

02 | 四川大学华西口腔医院门诊大厅改造 / 298

03 | 成都市温江区人民医院（上医国际广场改造项目）/ 302

01 四川大学华西第二医院诊疗环境改造
RENOVATION OF DIAGNOSIS AND TREATMENT CONDITIONS OF WEST CHINA SECOND UNIVERSITY HOSPITAL

项目地点：四川省成都市武侯区
设计单位：中国建筑西南设计研究院有限公司
建设单位：四川大学华西第二医院
代理业主：成都医疗健康投资集团有限公司
施工单位：成都建工工业设备安装有限公司
设计阶段：方案设计、初步设计、施工图设计
设计时间：2021年08月
改造面积：17770m²
床位数：195床

1 医院改造前照片

2 人民南路日景鸟瞰效果图

3 改造实景嵌入效果图

古今传承,历史印证
SHOWCASING THE CULTURAL LEGACIES
转译历史街区文化
OF A HISTORICAL STREET

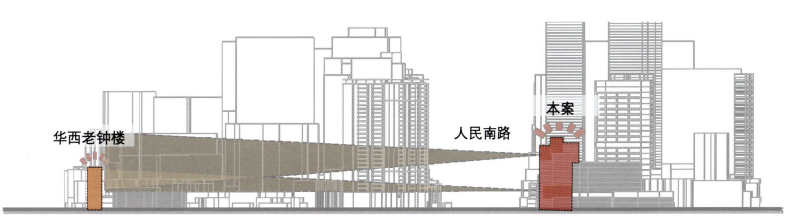

4 临人民南路侧视线分析

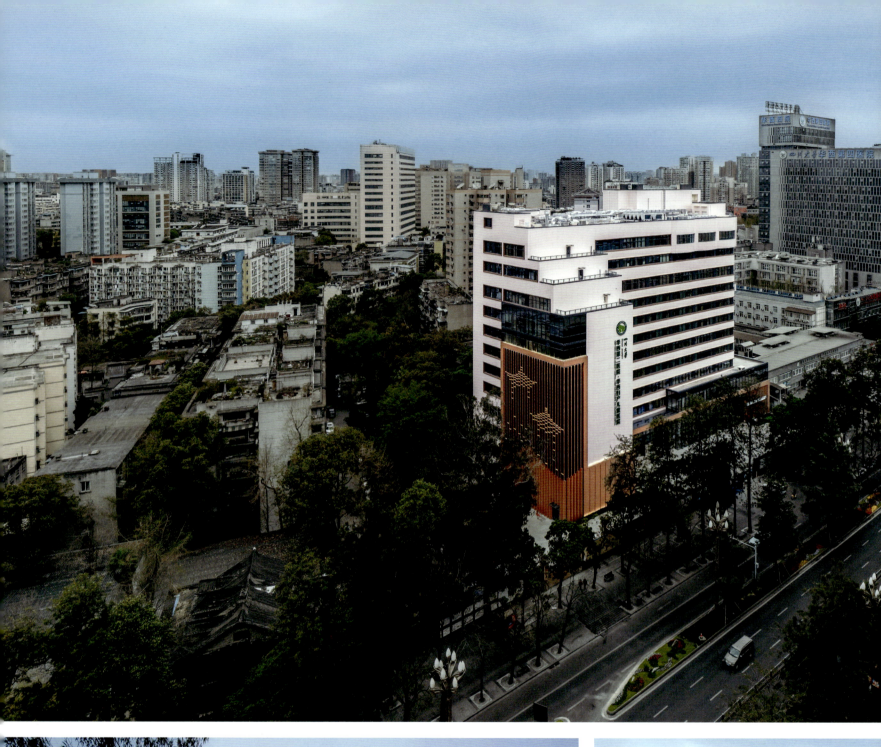

6 医护入口透视实景图

5 傍晚鸟瞰实景图

7 北立面鸟瞰实景图

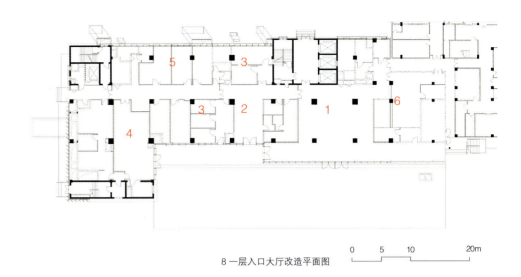

8 一层入口大厅改造平面图

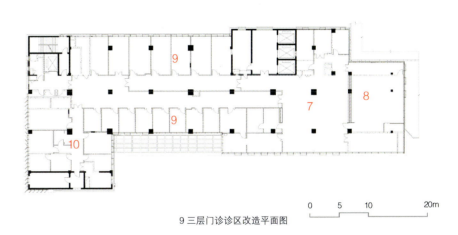

9 三层门诊诊区改造平面图

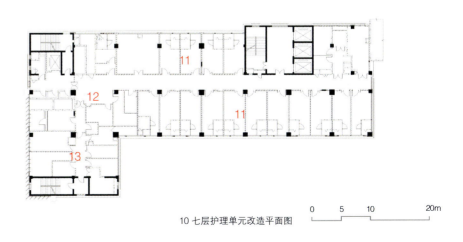

10 七层护理单元改造平面图

1 门诊入口大厅	6 综合药房	11 护理单元病区
2 急诊入口大厅	7 门诊候诊大厅	12 护理单元医护工作区
3 急诊诊室	8 分层采血及检验	13 护理单元医护生活区
4 抢救室	9 门诊诊区	
5 急诊留观	10 门诊医护办公区	

295

11 门诊候诊大厅实景图

12 电梯厅效果图

13 门诊大厅效果图

02 四川大学华西口腔医院门诊大厅改造
RENOVATION PROJECT FOR OUTPATIENT HALL OF WEST CHINA SCHOOL/HOSPITAL OF STOMATOLOGY SICHUAN UNIVERSITY

项目地点：四川省成都市武侯区
设计单位：中国建筑西南设计研究院有限公司
建设单位：四川大学华西口腔医院
设计阶段：概念方案
设计时间：2023年04月
改造面积：910m²

1 大厅改造前照片

2 门诊大厅改造效果图

3 门诊大厅沿街透视

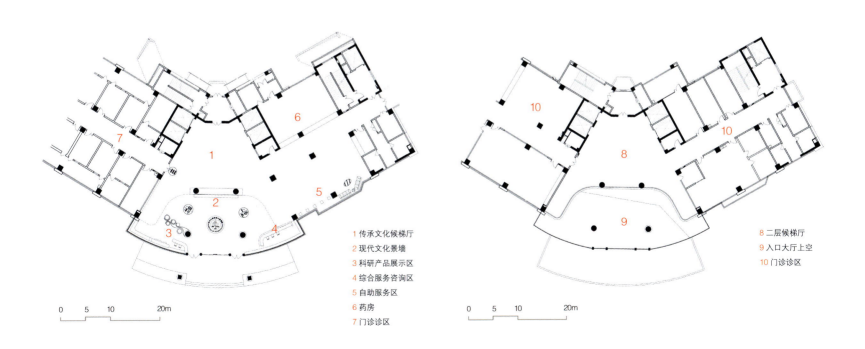

1 传承文化候梯厅
2 现代文化景墙
3 科研产品展示区
4 综合服务咨询区
5 自助服务区
6 药房
7 门诊诊区

8 二层候梯厅
9 入口大厅上空
10 门诊诊区

4 口腔门诊大厅一层功能示意图

5 口腔门诊大厅二层功能示意图

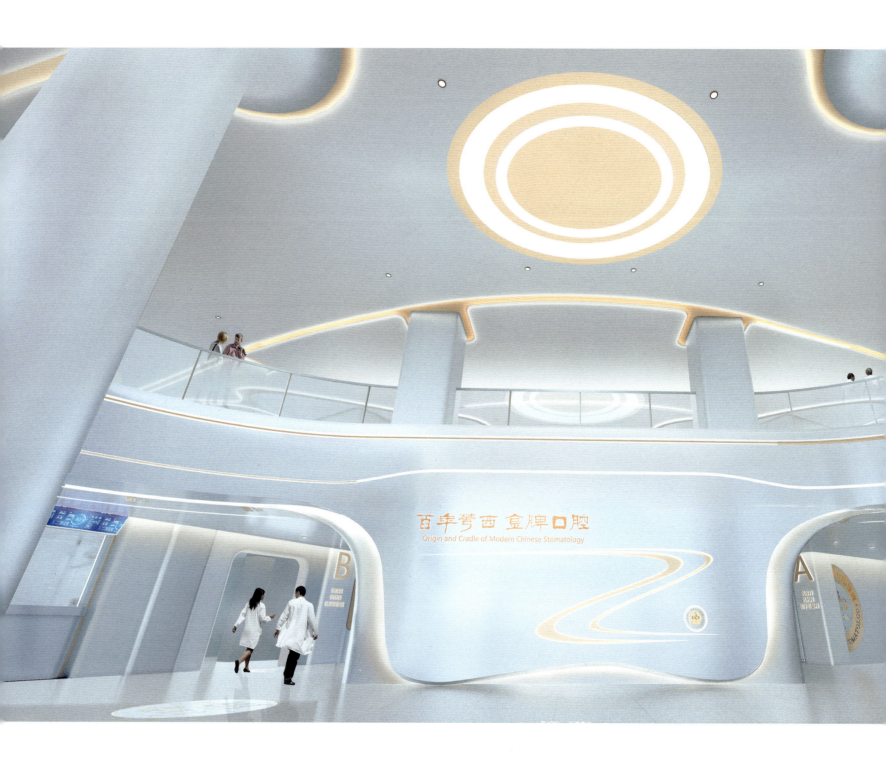

  分解 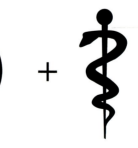 转译

9 概念提取示意图

6 入口景墙透视效果图

7 综合服务区透视效果图

8 传承文化候梯厅透视效果图

再造现代诊疗空间
REINVENTING MODERN HEALING SPACES
延续传统记忆文脉
CARRYING ON CULTURAL HERITAGE

03 成都市温江区人民医院（上医国际广场改造项目）
RENOVATION PROJECT FOR RELOCATING WENJIANG DISTRICT PEOPLE'S HOSPITAL OF CHENGDU TO SHANGYI INTERNATIONAL PLAZA

项目地点：四川省成都市温江区
设计单位：中国建筑西南设计研究院有限公司
建设单位：成都康城投资开发有限公司
运营医院：成都市温江区人民医院
施工单位：EPC联合体（北京城建集团有限责任公司、中国建筑西南设计研究院有限公司等）
设计阶段：方案设计、初步设计、施工图设计
设计时间：2016年10月
竣工时间：2019年01月
用地面积：75937m²
改造面积：141700m²
实景拍摄：至锦视觉、WOHO

1 门诊楼主入口夜景透视

2 住院楼实景鸟瞰图

重赋建筑生命
BREATHING LIFE INTO THE BUILDING
再造医疗环境
RESHAPING MEDICAL ENVIRONMENTS

1 门诊医技综合楼
2 第一住院楼
3 第二住院楼
4 第三住院楼
5 中医康复中心
6 体检中心
7 餐厅
8 精神卫生医学中心
9 精神卫生中心第一住院楼
10 精神卫生中心第二住院楼

0 10 20　50m

3 总平面图

303

4 门诊医技楼医疗街

5 门诊医技楼大厅

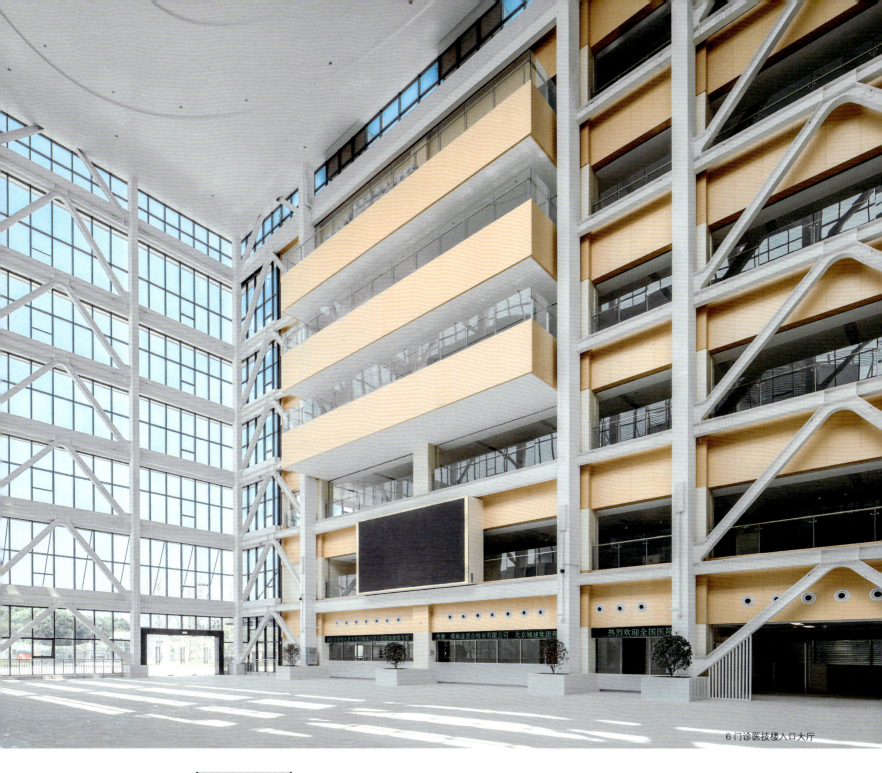

6 门诊医技楼入口大厅

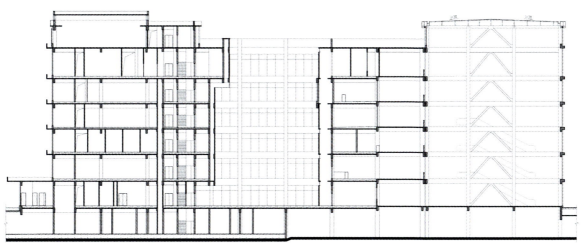

7 剖面图 I

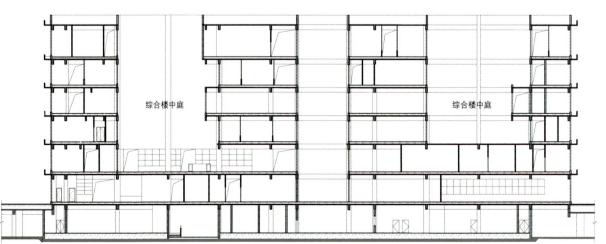

9 剖面图 II

8 住院楼日景透视

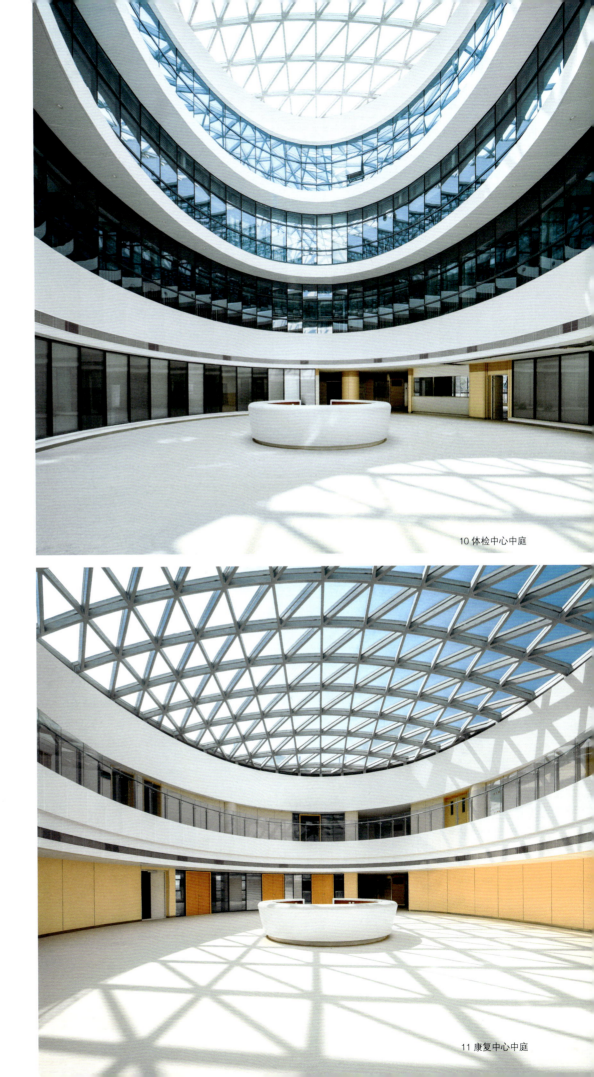

10 体检中心中庭

11 康复中心中庭

12 住院楼夜景透视

12 医院钢结构及工业化建造设计
DESIGN FOR HOSPITAL'S STEEL STRUCTURE AND INDUSTRIAL CONSTRUCTION

标准化 STANDARDIZATION

工业化 INDUSTRIALISATION

建构逻辑 CONSTRUCTION LOGIC

服务空间与被服务空间 SERVICED SPACE AND SERVICE SPACE

装配式的热情与冷静

12.1 初衷

我们追求建筑的装配式、模块化，是因其可以通过在工厂中制造预制构件来实现快速施工。而构件的预制能够更好地达到项目成本控制、质量控制和效果呈现。

12.2 热情

装配式建筑的概念，从提出已有近一个世纪的发展。到近年国家政策大力推行工业化建造，装配式的建造得到了更宽广的舞台。在这个舞台上，诞生了诸如混凝土预制装配式、木结构装配式、钢结构装配式等发展方向不同的分支（图 12-1），呈现出一派欣欣向荣的景象。

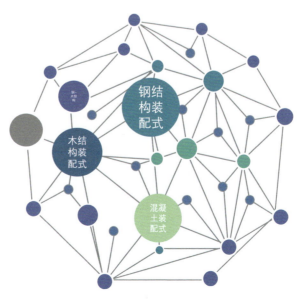

图 12-1　装配式建筑发展向不同分支

12.3 冷静

在这个装配式分支体系"蓬勃生长"的时代，我们更应暂缓下来思考，从装配式体系的初衷以及装配式建造的逻辑去反思各个分支的发展。装配式的建造逻辑是组合与拼装，各个分支体系不同点在于原材料的不同。单从原材料的使用上看，起源于榫卯结构的木结构和依托工业革命诞生，以拼装、焊接为安装手段的钢结构似乎从逻辑上更加适配装配式。这样的适配能够减少原材料与建构体系融合时双方优点的损失。也更有条件创造出 1+1 > 2 的效果。从建筑功能角度出发，医疗建筑作为功能复合的大型综合建筑，钢结构的结构性能能够更好地适配医疗建筑，满足复杂多样的需求。

12.4 思考

建筑的魅力在于空间，空间的本质是场所情绪的营造，是内在逻辑的清晰表达，而设计是逻辑梳理的过程。

建筑本身是一个集合结构、水电、装饰等多个专项于一体的综合体系，这个综合体系可以看作由服务空间（配套机电设备等）与被服务空间（主要功能空间）组成。在这个体系中，我们往往追求主要功能空间（被服务空间）的高效和完整，而达成这个追求最有效的途径之一就是将服务空间做集约化、集成化的设计，形成一个个可复制、可安装、可维修的集成模块（图 12-2）。模块化建造作为装配式、工业化建造体系中集成度最高的一种形式，能高度契合这个需求。

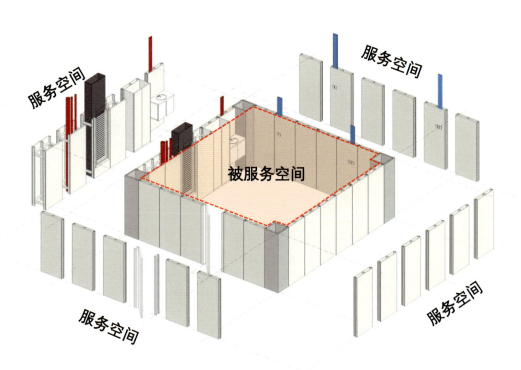

图 12-2　服务空间与被服务空间概念示意图

对于医疗建筑而言，其七项基本功能：急诊、门诊、医技、住院、行政后勤、院内生活、保障体系中的大部分功能空间都有条件采用单元式布局、模块化建造（图12-3）。医疗建筑是一个需要同时应对医院运营调整和医疗技术高速发展的特殊功能建筑，而建筑功能单元的模块化设计也能够保证同类型功能单元在运营期间的高效转化，较长时间段内适应医院的变化和发展。

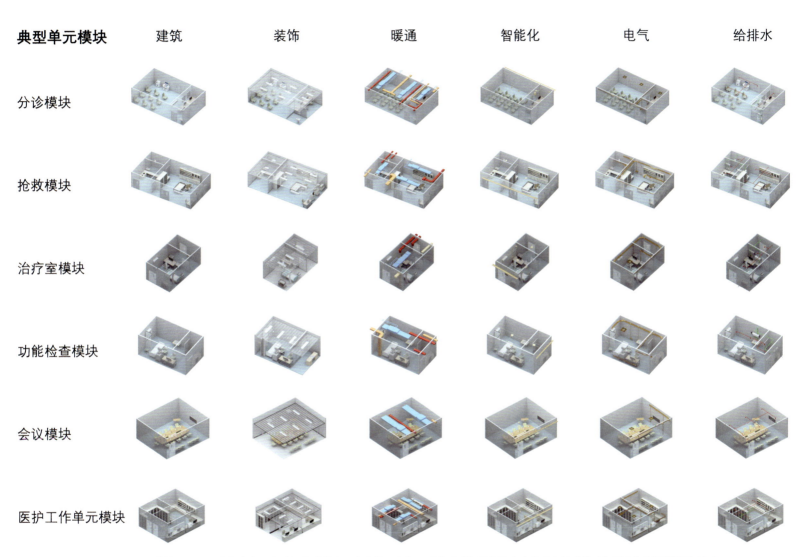

图12-3　以《基于两山医院的防疫工程建设集成技术及产业化研究》及《装配式钢结构医疗建筑成套技术集成与研究》科研课题为基础，部分典型医疗功能单元模块化研究成果

在医院功能单元模块化的基础上，我们还进一步将模块化的设计思路推广到医用部品上，装配式隔墙、吊顶、整体卫浴、收纳部品、室内门窗、医用专用柜、站台、标识及其他医用便民设施，均可采用模块化标准化设计，满足全院品质的标准化控制。

标准化、模块化的设计，并非一味追求功能效率而忽略空间的人性化和多变性；我们的策略是功能单元内部追求医疗效率的高效性，通过不同功能单元的组合方式形成灵活多变的公共服务空间，从而满足空间体验的多样化和可变性。

12.5 未来

医疗建筑的装配式和模块化不可能一蹴而就，它存在一个逐步探索和发展的过程。我们对它的探索起步于防疫时期，因防疫应急医院建造的要求，我们开启了在医疗功能单元模块化方面的探索。在前期工作成果的基础上，我们希望进一步扩大装配式、模块化在医疗建筑建设中的优势，逐步探索落实部分医疗功能的标准化设计。后续将逐步延伸到全医疗功能、全专业、全专项、全部品的模块化建造。

医院钢结构及工业化建造项目目录

01	西昌市人民医院改扩建工程 / 316
02	西南医科大学附属天府医院一期 / 321
03	西南医科大学附属天府医院二期 / 326

01 西昌市人民医院改扩建工程
RENOVATION AND EXPANSION PROJECT OF XICHANG PEOPLE'S HOSPITAL

项目地点：四川省凉山州西昌市
设计单位：中国建筑西南设计研究院有限公司
建设单位：西昌市人民医院
施工单位：EPC 联合体（中建科工集团有限公司等）
设计阶段：方案设计、初步设计、施工图设计
设计时间：2018 年
竣工时间：2021 年 08 月
用地面积：41627m²
建筑面积：170898m²
床位数：1000 床
结构形式：钢框架——支撑结构（附加消能减震元件）
实景拍摄：中国建筑西南设计研究院有限公司

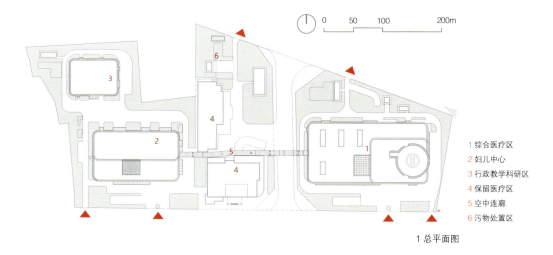

1 综合医疗区
2 妇儿中心
3 行政教学科研区
4 保留医疗区
5 空中连廊
6 污物处置区

1 总平面图

2 立面细节

3 西南侧鸟瞰

装配式钢结构医疗建筑标准化

STANDARDIZED HOSPITAL DESIGN WITH FABRICATED STEEL STRUCTURES

阳光漫入室内
SUNLIGHT STREAMING THROUGH THE WINDOW

4 东北侧鸟瞰

民族元素

5 民族元素示意图

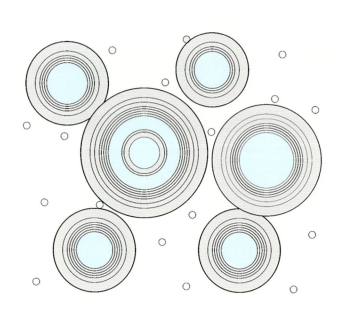

6 妇儿大厅天花布置

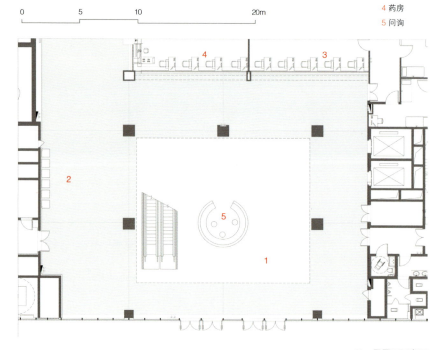

1 门诊大厅
2 自助服务区
3 挂号收费
4 药房
5 问询

7 一层平面示意图

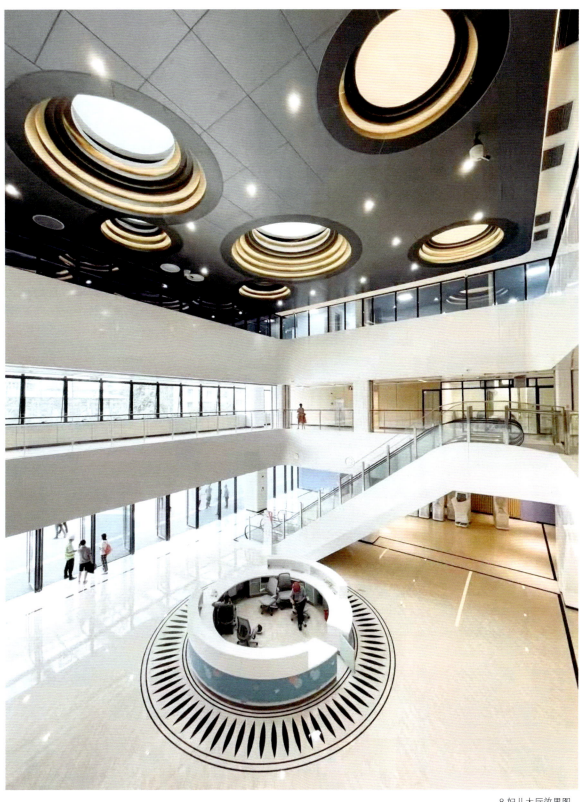

8 妇儿大厅效果图

1 益州大道南延线半鸟瞰

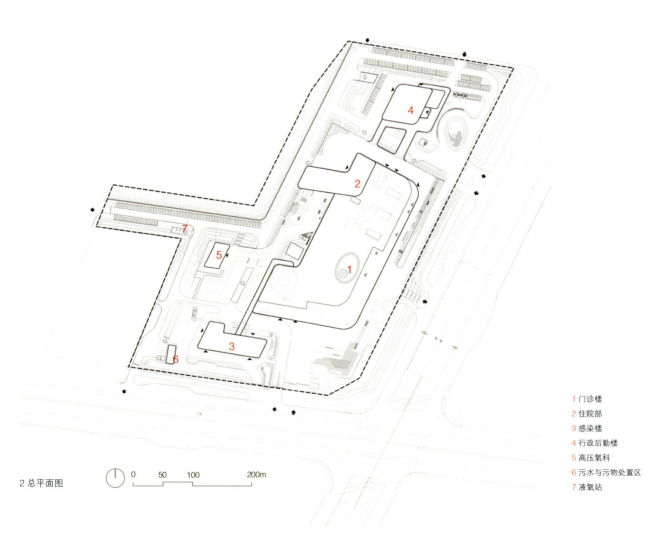

2 总平面图

1 门诊楼
2 住院部
3 感染楼
4 行政后勤楼
5 高压氧科
6 污水与污物处置区
7 液氧站

02 西南医科大学附属天府医院一期
TIANFU HOSPITAL AFFILIATED TO SOUTHWEST MEDICAL UNIVERSITY

浴火凤凰
THE PHOENIX

翱翔其羽
RISES FROM THE ASHES

亦傅于天
AND SOARS TO THE SKY

项目地点：四川天府新区眉山片区
设计单位：中国建筑西南设计研究院有限公司
建设单位：眉山环天建设工程集团有限公司
运营医院：西南医科大学附属天府医院
施工单位：EPC 联合体（中建科工集团有限公司等）
设计阶段：方案设计、初步设计、施工图设计
设计时间：2020 年 05 月
竣工时间：在建
用地面积：118690m²
建筑面积：154840m²
床位数：850 床（一期）
结构形式：钢框架——支撑结构（附加消能减震元件）

3 主入口鸟瞰

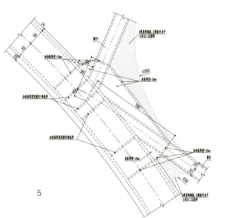
5

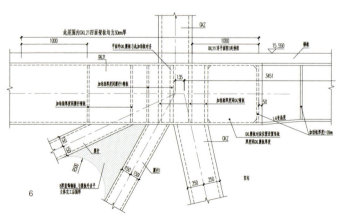
6

7

4 主入口透视

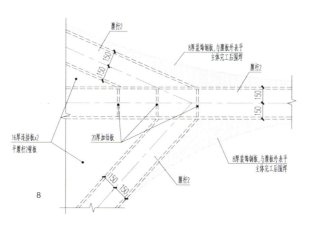
8
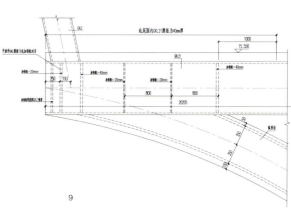
9

5~9 入口钢结构构造节点大样

10 中庭透视效果图

建筑与结构的一体化表达

ARCHITECTURE AND STRUCTURE UNIFIED INTO ONE

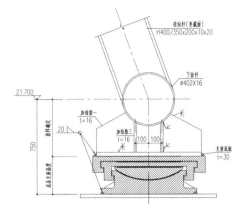

11 采光筒顶部节点大样

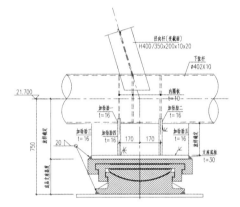

12 采光筒底部节点大样

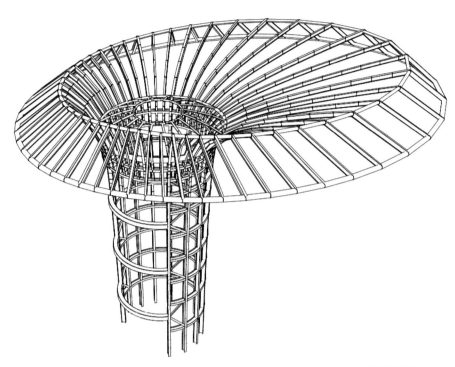

13 采光筒结构构件示意图

14 中庭透视线稿图

03 西南医科大学附属天府医院二期
PHASE II TIANFU HOSPITAL AFFILIATED TO SOUTHWEST MEDICAL UNIVERSITY

项目地点：四川天府新区眉山片区

设计单位：中国建筑西南设计研究院有限公司

建设单位：眉山环天建设工程集团有限公司

运营医院：西南医科大学附属天府医院

设计阶段：方案设计、初步设计

设计时间：2022 年 07 月

用地面积：188423m²（含一期）

建筑面积：154330m²

规模：400 床 + 科研培训 + 产业配套

结构形式：钢框架——支撑结构（附加消能减震元件）

玉带环山
THE PHOENIX SPREADS ITS WINGS

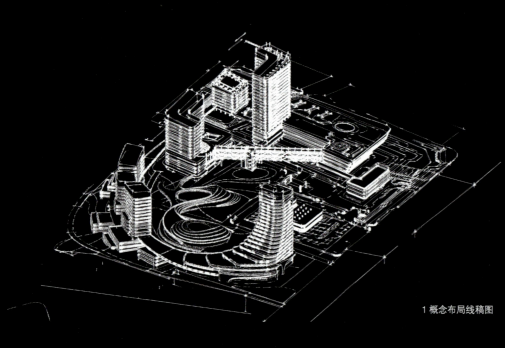

1 概念布局线稿图

以自由流动的姿态回应环境
A RIBBON ENCIRCLING THE MOUNTAIN SPEAKS WITH NATURE
用规整高效的形体落实功能
AND OFFERS RICH FUNCTIONS VIA FREE, STREAMLINED FLOWS

2 西侧夜景鸟瞰

3 总平面图　0　50　100　200m

4 环天大道低点透视

5 西北侧鸟瞰

6 科教大楼大厅

7 北侧低点透视

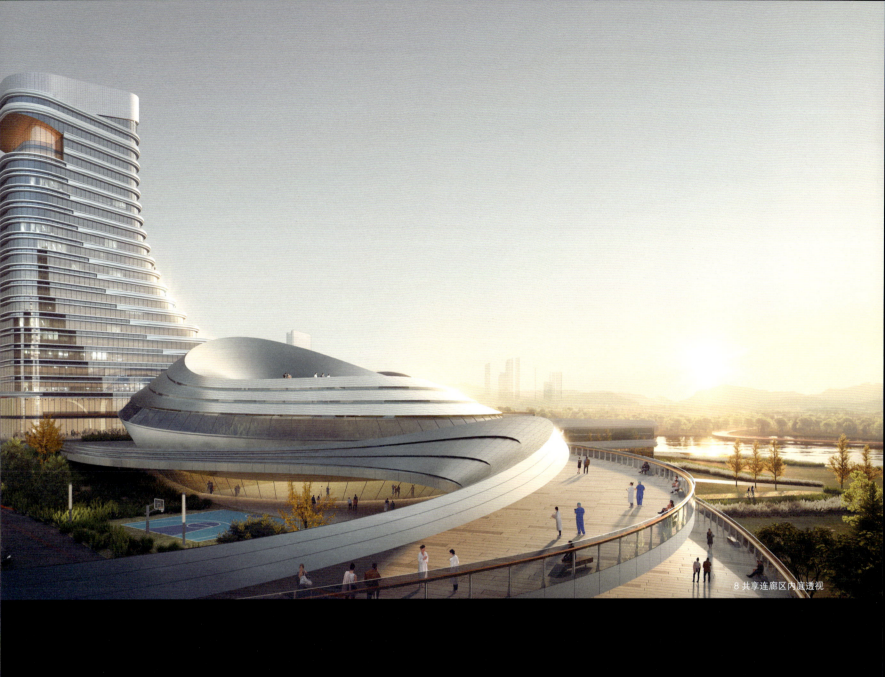

8 共享连廊区内庭透视

在地化
LOCALIZED DESIGNS
自由而流动
FLOWING WITH LIBERTY

9 场地剖面关系线稿图

13 医疗工艺专项设计
DESIGN FOR SPECIAL MEDICAL PROCESS PROJECTS AND DIGITALIZATION

医疗工艺设计 2.0

13.1 医疗工艺专项概述

医疗工艺设计是指对医院内部全部医疗系统活动过程及程序的策划。在医院建筑设计过程中，医疗工艺设计是架设在医院使用者与设计师之间的一座桥梁，医疗工艺流程是设计的重要参考要素（图13-1），只有清晰地认识和理解医疗系统功能，才能够设计出符合使用要求、符合人性化设计观点、符合医院发展规律，且让使用者满意的、有特色的医疗建筑。

医疗工艺设计发展至今，已经形成完整的设计流程，一般分为三个层级。当下医院不断向数字化、智慧化转型，医疗工艺设计逐步开始运用数字技术让工艺流程设计实现参数化与可视化表达，医疗工艺设计迈向2.0，向数字化方向进阶发展。

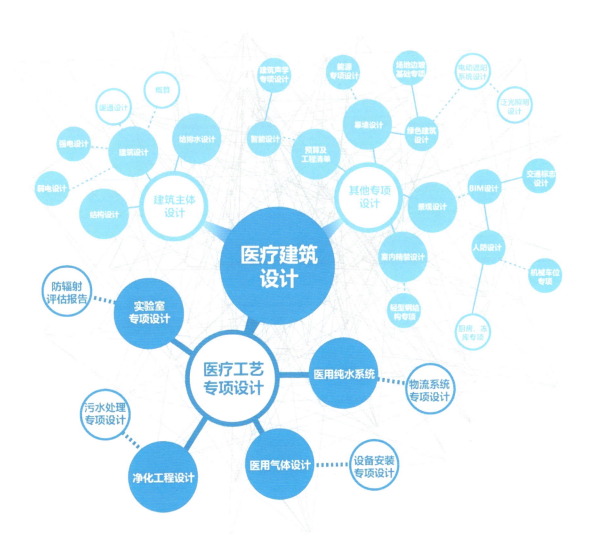

图13-1　医疗建筑设计之医疗工艺专项

13.2 建立医疗工艺标准模块体系

医疗工艺标准模块体系是通过整理已建和在建医院各个功能区的重复性规律，建立可重复使用的医疗模块化单元体系（图 13-2），遵循"少规格，多组合"的原则，从而实现医疗建筑的多样化场景与多种功能需求的系列化匹配。

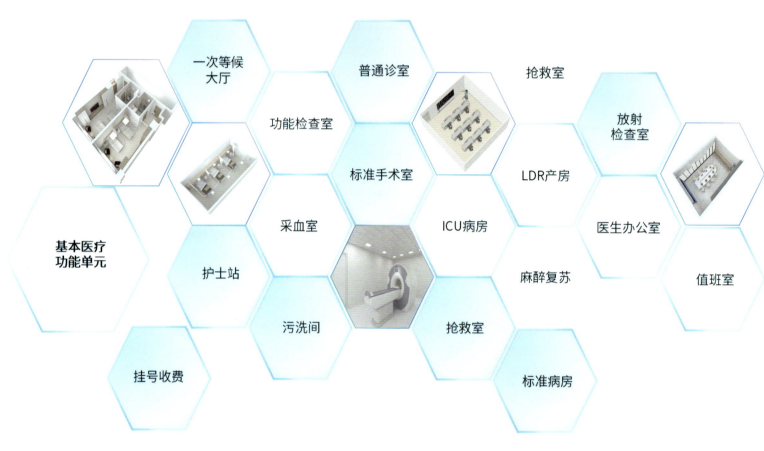

图 13-2　医疗工艺标准模块体系

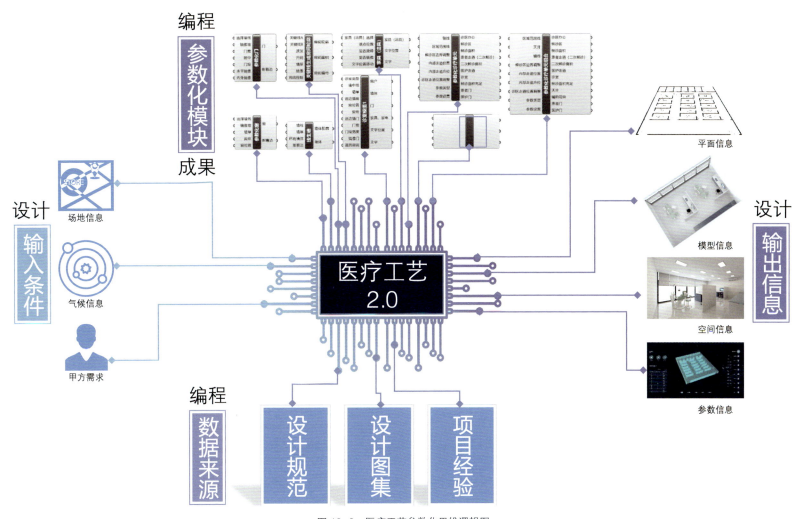

图 13-3　医疗工艺参数化思维逻辑图

13.3　医疗工艺标准模块参数化设计

医疗工艺标准模块参数化设计是将参数化设计思维植入医疗工艺设计过程中，对医疗工艺进行概念梳理、数据归纳、参数化转译等整理工作，在此基础上完成基于医疗工艺功能模块的参数化设计工具研发（图 13-3）。借助该设计工具建筑师可通过人机协同的工作方式，完成建筑空间、医疗工艺一体化设计，将医疗工艺设计体系化、高效化。

图13-4 医疗工艺标准模块可视化表达

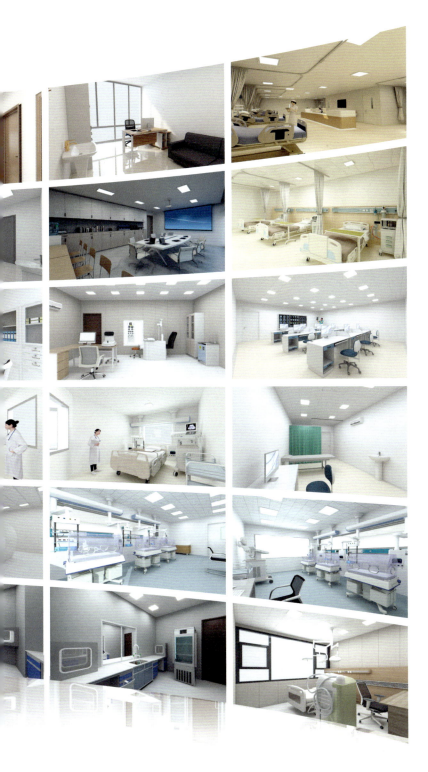

13.4　医疗工艺标准模块可视化表达

在设计对接过程中，传统二维医疗工艺平面图的信息局限性，造成医院方无法理解设计的真实意图，从而导致对接效率低下和理解认知偏差。根据医疗建筑功能重复性、标准性强的特点，进行相应模块的梳理并对其进行可视化表达（图13-4），可以更好地让不同的使用方对整个空间的尺度、医疗工艺平面布局、房间内部空间色彩、医疗家具大小有更加明确的认知。

13.5　医疗工艺数字化其他发展方向

13.5.1　空间自动化布局

空间自动化布局是建筑师在确立设计目标、构建设计逻辑流程后，借助智能算法工具，生成海量设计方案并对方案进行性能评价，然后寻找最优解以满足设计目标的过程。

13.5.2　空间分析、模拟与优化

如果说空间自动化布局是讨论空间生成预测问题，那么空间分析、模拟与优化则往往聚焦于对已有空间或已设计出的空间进行综合评估，从而实现空间的优化设计。本质上讲，它是一种性能导向（Performance-based）的设计思维。医疗建筑中的分析、模拟与优化对象主要包括效率、物理环境、视线、空间场景等方面。

14 医疗净化专项设计
DESIGN FOR SPECIAL MEDICAL PURIFICATION PROJECTS

医疗专项技术强化及一体化工作平台构建

医疗建筑的复杂性、多样性及专业性，使得它有别于其他建筑类型。其在主体设计及常规专项之外还有诸多特有的医疗工艺系统，统称为医疗专项（图14-1），如医用净化工程、医用纯水系统、医用气体系统等等。

作为重要的医疗支撑工程，这些专项在各阶段的同步推进到妥善落地，是医院如期建设最终顺利运营的必要条件。

图 14-1　医疗建筑项目常见医疗专项

医疗项目的主体设计贯穿方案至施工图全过程，而医疗专项设计一般受控于总设计的概念范围，在不同的设计阶段介入。目前常见的工作模式为专项分包，由具有设计经验及资质的专业设计及施工单位进行深化设计及施工建设。但受限于招采流程的不可控，医疗专项工程的深化设计单位通常是介入最晚的部门之一。

现阶段医疗专项的设计及建设过程中通常都存在诸多问题，欠缺的是使专项工程全面落地的技术措施，以及切实可行的工作模式和技术平台。因此医疗专项未来的发展提升，着重在技术的强化以及工作平台的搭建两方面。

14.1 以净化专项为主线的专项技术专业应对及强化提升

医疗专项区域服务对象的特殊性、医疗工艺的复杂性、不同专项间设计的差异性决定了强化医疗专项技术的重要性。

以净化区域为代表的医疗专项，其工作内容在于针对不同专项区域的工艺需求，提供合理的、定制化的解决方案。除了完成基础设计工作外，更重要的是解决各医疗专项区域的技术衔接问题，如医疗工艺三级流程与水、电、通、动点位的衔接；大型医疗设备、医疗流程与净化装饰设计的衔接等（见图14-2、图14-3）。

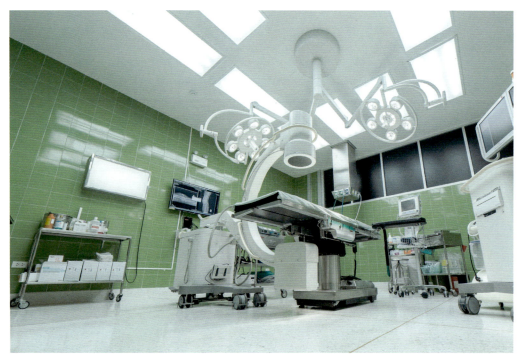

图14-2 手术室（图片来源：网络）

图14-3 ICU病房（图片来源：中国峨眉山国际康养中心一期项目效果图）

因此专项技术的强化提升，其核心在于完善专业配置、提高专项设计人员的专业设计水平及统筹协调解决问题的能力。同时通过加强国内外学术交流合作，接轨行业最新医疗设备和工艺的发展，加快专业化人才的培养，保持技术先进性。此外还应依托专业背景、发挥技术优势、提高创新能力，拓展研发能力，解决工程实际问题，提高劳动附加值。

14.2 特殊医疗专项区域一体化工作平台构建

由于专项繁多、各个专项系统的复杂难易程度不一、深化单位经验水平有高低、设计进度不一致等原因，目前特殊医疗专项工程在建设过程中还存在诸如缺项漏项、界面不清、图纸质量参差、节点应对困难等问题。因此全过程的一体化工作平台的构建是特殊医疗专项区域未来的发展方向和趋势（图14-4）。

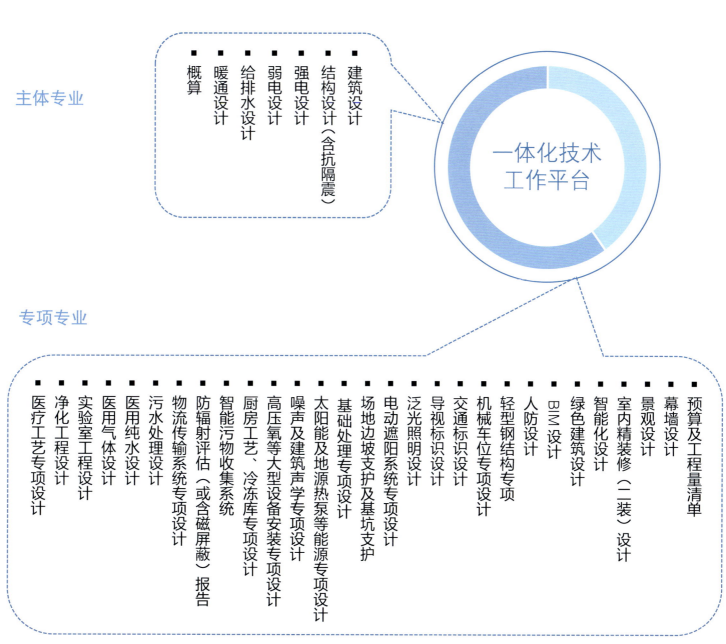

图14-4 包含多专业的全过程一体化工作平台

14.3 平台构建的阶梯目标

以净化专项为主线,建构更完善完整的技术工作平台,包括暖通、给排水、电气、医气以及净化装饰等全专业的技术应对(图14-5);明晰界面,减少工作交叉,提升设计的完整度及完成度,保证设计进度及节点应对。

01

依托相对完善的医疗工艺经验扩展专项界面,逐步将实验室、核医学、放射科、影像科、冷库、医用纯水、污水处理等特殊医疗区域纳入一体化专项工作平台,形成囊括医疗工艺、医疗设备参数、技术条件、机电工艺、装饰方案等在内的完整的特殊专项技术措施平台。减少设计分包带来的缺项漏项、设计水平参差等问题,确保设计服务质量,应对各阶段流程需求。

02

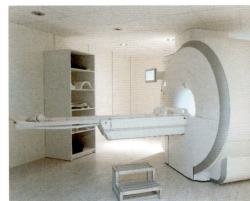

图14-5 全过程一体化工作平台(图片来源:网络)

一念半成集

图书在版编目（CIP）数据

一念半成集：医疗建筑类型化设计集成 = DESIGNED INTEGRATION OF SPECIALIZED HEALTHCARE FACILITIES / 张远平编著 .—北京：中国建筑工业出版社，2024.1
ISBN 978-7-112-29451-0

Ⅰ.①一… Ⅱ.①张… Ⅲ.①医院—建筑设计 Ⅳ.① TU246.1

中国国家版本馆 CIP 数据核字（2023）第 244645 号

　　本书为医疗建筑设计专集，内容几乎涵盖各类型医院，可以作为医疗建筑设计的参考书籍，以 51 个项目为载体，归纳整理了 14 个医疗建筑专题，包含综合医院和专科医院，其中专科医院又细分为妇儿医院、中医医院、口腔医院、肿瘤医院、精神专科及脑科医院、老年康复以及医养建筑、公共卫生与应急建筑、转化医学建筑、国家紧急医学救援与大急救体系建筑、既有医院建筑改造、医院钢结构及工业化、医疗工艺、医疗净化。适合建筑学专业医疗建筑设计从业人员以及其他相关从业人员。

责任编辑：杨　琪　陈　桦
责任校对：张　颖

一念半成集　医疗建筑类型化设计集成
DESIGNED INTEGRATION OF SPECIALIZED HEALTHCARE FACILITIES
张远平　编著

*

中国建筑工业出版社出版、发行（北京海淀三里河路 9 号）
各地新华书店、建筑书店经销
北京雅盈中佳图文设计公司制版
北京雅昌艺术印刷有限公司印刷

*

开本：889 毫米 ×1194 毫米　1/12　印张：$30\frac{1}{3}$　字数：526 千字
2024 年 3 月第一版　2024 年 3 月第一次印刷
定价：298.00 元
ISBN 978-7-112-29451-0
（42159）

版权所有　翻印必究
如有内容及印装质量问题，请联系本社读者服务中心退换
电话：(010) 58337283　QQ：2885381756
（地址：北京海淀三里河路 9 号中国建筑工业出版社 604 室　邮政编码：100037）